pbp

collection science de l'homme
dirigée par gérard mendel

n. tinbergen
prix nobel

la vie sociale des animaux

introduction à la sociologie animale

103

petite bibliothèque payot
106, boulevard saint-germain, 75006 paris

Cet ouvrage, traduit de l'anglais par L. JOSPIN, est paru en première édition française dans la " Petite Bibliothèque Payot ".

AVANT-PROPOS

Ce livre ne prétend pas énumérer tous les faits connus. Son but est plutôt de montrer sous quel angle le biologiste étudie le phénomène appelé comportement social. Cette méthode a été remise en honneur par les travaux de Lorenz, qui fait figure de pionnier en la matière. Elle est caractérisée par l'accent mis sur le besoin d'une observation scrupuleuse et renouvelée de l'immense variété de phénomènes sociaux que nous offre la nature ; l'accent sera mis également sur le fait qu'il faut partager son attention entre les trois grands problèmes biologiques : les notions de fonction, de cause et d'évolution ; l'accent sera mis encore sur l'ordre normal des démarches : description, analyse qualitative, analyse quantitative ; l'accent sera mis, enfin, sur la nécessité de reprendre la synthèse à chaque pas.

C'est cette méthode qui, vu la place limitée qui nous était impartie, a déterminé le contenu de ce livre. Le manque de place nous a amené à supprimer une bonne partie des éléments descriptifs. Par exemple, nous n'avons pas fait la critique du volumineux ouvrage de Deegener sur la multitude des types de groupements d'animaux. De même, nous n'avons pas parlé en détail des « républiques » hautement spécialisées d'insectes sociaux, car il existe d'excellents ouvrages portant uniquement sur ces questions.

Cette méthode rend ce livre fondamentalement différent

de tout autre livre sur le comportement social. D'une part, j'ai rapidement écarté certains problèmes que d'autres auteurs ont davantage développés. C'est ainsi que les livres d'Allee traitent surtout des divers avantages que les animaux tirent du groupement ; ils ne s'étendent guère sur les causes de la coopération sociale, et quand ils en parlent, l'attention est tout entière dirigée sur un seul phénomène : la hiérarchie, telle qu'elle se manifeste par les coups donnés et reçus ; or cet aspect de l'organisation sociale est intéressant, mais c'est malgré tout un aspect mineur. D'autres chercheurs semblent attacher plus de valeur qu'il ne conviendrait à l'influence de la transmission de nourriture d'un individu à un autre ; certes, la chose est admise, ce phénomène est l'un des facteurs qui aboutissent à l'apparition de certaines relations sociales, mais, là encore, ce n'est que l'un des éléments d'un vaste ensemble de phénomènes. Depuis peu, nous possédons une somme énorme de faits obtenus par l'analyse ; ils sont toutefois dispersés, souvent sans lien entre eux, et ils ont été découverts dans des conditions tellement particulières (en laboratoire) qu'il est encore impossible de dire quel rapport existe entre eux et la vie normale des espèces intéressées.

D'autre part, j'ai jugé extrêmement important de dégager la définition des grands problèmes, de leurs rapports réciproques et de leurs rapports avec des questions secondaires parce que moins générales. Jointe à la description nécessaire de nombreux faits nouveaux apportés par l'étude « naturaliste », et aux premières démarches de l'analyse qualitative, cette tâche demandait beaucoup de place. En outre, je tenais à formuler et à mettre en valeur certaines théories nouvelles que je crois importantes du fait de leur grande valeur heuristique. C'est ainsi que la signification des luttes entre espèces, les causes de l'attitude agressive et du manège amoureux, les fonctions des déclencheurs, et autres problèmes que la méthode nouvelle a largement éclairés, ont été exposés avec un certain détail, et que nous avons tenté de leur attribuer la place qui leur revient dans le système complexe de ces problèmes.

J'ai tenté d'exposer mes idées de telle façon que les

non-spécialistes intéressés par la question puissent suivre mes raisonnements sans peine. Ce faisant, j'espère stimuler la recherche, car je suis convaincu que les amateurs peuvent encore faire beaucoup pour notre jeune science.

Je dois beaucoup au docteur Michael Abercrombie et à Desmond Morris, dont les remarques m'ont été très précieuses, au docteur L. Tinbergen, qui a dessiné une partie des illustrations, et à l'Oxford University Press, qui m'a autorisé à reprendre un certain nombre des illustrations d'un autre de mes livres, L'étude de l'instinct (1). *Ma reconnaissance va, en outre, au docteur Hugh Cott, qui m'a autorisé à reproduire la figure 61.*

N. T.

NOTE POUR L'ÉDITION FRANÇAISE

Il était naturel que j'hésite à rééditer en 1967 un ouvrage datant de 1953. Si je l'ai accepté, c'est parce que je crois que, malgré les récents progès de notre discipline, cet ouvrage reste une introduction utile à la sociologie animale. Si l'on peut trouver actuellement, sur plusieurs points, des documents plus détaillés et plus précis que ceux qui étaient accessibles en 1953, mon étude constitue toujours un exposé valable des problèmes tel qu'on les envisage d'un point de vue biologique.

Aux lecteurs qui souhaiteraient des données plus détaillées, je ne puis que recommander la lecture de W. Etkin (éd), Social Behaviour and Organisation among Vertebrates, University of Chicago Press, 1964.

N. T.

(1) Édition française Payot, Paris.

TABLE DES MATIÈRES

1 INTRODUCTION

ÉNONCÉ DES PROBLÈMES

Puisque nous qualifions d'animaux sociaux les Étourneaux, qui vivent en bandes, alors qu'un Faucon Pèlerin, qui chasse en hiver au-dessus des estuaires, est manifestement un animal solitaire, il s'ensuit que le mot « social » s'emploie quand nous avons affaire à plus d'un individu. Il n'est pas nécessaire qu'il y en ait beaucoup ; il est même bien des manifestations, dans le comportement d'un couple animal, que je qualifierais de « sociales ».

Pourtant, tous les groupements d'animaux ne sont pas d'ordre social. Quand, un soir d'été, des centaines d'insectes se rassemblent autour de notre lampe, leur comportement n'est pas nécessairement social. Il se peut fort bien qu'ils soient venus un par un, et que leur rencontre soit purement accidentelle ; s'ils se réunissent, c'est parce que chacun d'eux est attiré par la lampe. Mais quand, les soirs d'hiver, les Étourneaux exécutent leurs fascinantes manœuvres aériennes avant de s'installer pour la nuit, ils réagissent réellement les uns aux autres ; ils se suivent les uns les autres en un ordre si parfait que nous pourrions même être tentés de croire qu'ils ont un pouvoir de communication surhumain. Ainsi, cette habitude de rester ensemble parce que l'on réagit les uns aux autres est un autre signe de comportement social. A cet égard, la sociologie animale diffère de celle des plantes (celle-ci, en effet, porte sur tous les phénomènes qui se produisent quand des plantes sont en présence, sans se demander si elles exercent une action les unes sur les autres ou si elles sont simplement attirées de la même façon par le même agent extérieur).

L'influence exercée par les animaux sociaux les uns sur les autres n'est pas une simple attraction. En général, le groupement n'est que le prélude à une coopération plus étroite ; l'essentiel est de faire quelque chose ensemble. Dans le cas de l'Étourneau, cette coopération est simple : ils se contentent de tournoyer ensemble, en exécutant les mêmes courbes ; certains poussent des cris d'alarme auxquels d'autres réagissent ; il arrive qu'ils coopèrent pour écarter un Épervier ou un Faucon Pèlerin en se serrant les uns contre les autres et en montant au-dessus de l'oiseau de proie. La rencontre d'un mâle et d'une femelle, à la saison des amours, est parfois suivie d'une longue période de coopération étroite et complexe, qui porte sur l'accouplement, la nidification et l'éducation des petits.

Ainsi, étudier le comportement social des animaux, c'est donc étudier la coopération entre des individus. Ceux-ci peuvent être deux ou plus. Dans le cas des bandes d'Étourneaux, il arrive que des milliers d'individus coopèrent.

Quand nous parlons de coopération, nous avons toujours en tête une idée, plus ou moins claire, de finalité. Nous supposons que cette coopération poursuit un but. Ce problème de la « signification biologique » ou de la « fonction » des processus vitaux est l'un des plus passionnants de la biologie. Il se pose à propos de la physiologie de l'individu, et aussi de celle de chacun de ses organes. D'autre part, à un niveau plus général, il se pose en sociologie. Alors que le physicien ou le chimiste ne sont pas censés étudier la fin des phénomènes qu'ils analysent, le biologiste doit en tenir compte. Ici, bien entendu, le mot « fin » est pris en un sens restreint. Je ne veux pas dire que le biologiste doive se demander pourquoi il y a de la vie plutôt que pas de vie (pas plus que le physicien ne se demande pourquoi il y a de la matière et du mouvement, plutôt que ni l'un, ni l'autre). Simplement, la nature même des êtres vivants, leur caractère instable, nous amène à nous demander : comment se peut-il que les êtres vivants ne succombent pas aux forces de destruction partout présentes dans leur milieu? Comment font-ils pour survivre, pour subsister et se reproduire? Au sens restreint où nous l'entendons, la fin ou le but des processus vitaux est le maintien de l'individu, du groupe et de l'espèce. Une communauté d'individus doit être maintenue en vie, et protégée contre la désintégration, tout autant qu'un organisme, lequel, comme son nom l'indique, est une communauté de parties : organes, parties d'organes et parties de parties d'organes. De même que le physiologue se demande comment l'individu, ou l'organe, ou la cellule, font en sorte de subsister, grâce à la coopération organisée de leurs éléments constitutifs, de même, le sociologue doit se demander comment les éléments constitutifs du groupe (c'est-à-dire les individus) font en sorte de maintenir le groupe en vie.

Dans ce chapitre, qui sera un survol préliminaire, je donnerai tout d'abord un certain nombre d'exemples de vie de groupe, dans diverses espèces animales. Puis, dans les chapitres suivants, j'en viendrai à examiner quelles fonctions sont remplies, par le comportement social des individus constitutifs, au service d'autres individus ou de l'ensemble du groupe. Ensuite, je me demanderai comment cette coopération est organisée. Ces deux aspects, celui de la fonction et celui des causes du comportement social, seront examinés à propos des divers types de comportement social : comportement sexuel, vie de famille et de groupe, lutte. De la sorte, nous découvrirons, pas à pas, des structures sociales. Comme ces structures sociales sont presque toujours des structures temporaires, nous aurons à étudier comment elles apparaissent. Pour finir, nous tenterons de découvrir comment, au cours de leur longue évolution, les organismes sont parvenus au type d'organisation sociale que nous leur connaissons aujourd'hui.

LE GOÉLAND ARGENTÉ (*Larus argentatus*) [25, 71, 105] (*)

Durant tout l'automne et l'hiver, le Goéland argenté vit en bandes. Il se nourrit en bandes, émigre en bandes, dort en bandes. Si l'on observe jour après jour des Goélands en quête de nourriture, on découvre qu'habituellement, ce qui les réunit, ce n'est pas une réaction commune à un agent extérieur, par exemple l'abondance de nourriture. Un groupe de Goélands argentés que j'ai connu avait l'habitude de chasser le ver de terre dans les prairies. Je le trouvais un jour sur une prairie, le lendemain sur une autre. De temps à autre, toute la bande se déplaçait. Les vers de terre étaient nombreux dans toutes ces prairies, et rien ne donnait à penser que les oiseaux s'en allaient parce que la réserve locale de vers de terre était épuisée. Il n'est pas si facile d'extirper une population de vers de terre! Toutes les fois qu'un Goéland isolé arrivait d'un autre terrain de chasse, il rejoignait invariablement le groupe, et se gardait bien de se poser sur un endroit de la prairie où ses congénères ne se seraient pas trouvés. C'étaient donc les autres Goélands qui l'attiraient.

Les Goélands d'une bande réagissent les uns aux autres de diverses façons. Quand on s'approche trop près d'eux, certains s'arrêtent de manger, tendent le cou et vous fixent intensément. Bientôt, d'autres en font autant, et toute la bande vous fixe. Alors, il se peut qu'un oiseau donne l'alarme, au moyen d'un « ga-ga-ga » rythmé, et aussitôt, s'envole. Immédiatement, les autres suivent, et toute la compagnie a disparu. Cette réaction est presque simultanée. Bien entendu, cela pourrait s'expliquer par le fait que tous réagissent au même instant à notre vue (dans ce cas, nous sommes l'agent extérieur qui déclenche ce comportement). Mais assez souvent, par exemple quand on s'approche d'eux sous un couvert, il arrive qu'un ou deux oiseaux seulement vous découvrent ; on peut alors voir comment leur comportement

(*) Ces chiffres renvoient à la bibliographie, en fin d'ouvrage, pages 179-186.

(soit qu'ils tendent le cou, soit qu'ils crient, soit qu'ils s'envolent brusquement) agit sur les autres, qui n'ont pu percevoir eux-mêmes le danger.

Au printemps, la compagnie visite ensemble les terrains d'accouplement, qui se trouvent dans les dunes de sable. Quand les oiseaux se posent, après avoir décrit des cercles au-dessus du terrain pendant un certain temps, ils se répartissent en couples, et ces couples se choisissent un territoire à l'intérieur du terrain de la colonie. Mais tous les oiseaux ne sont pas appariés ; beaucoup se retrouvent dans ce que l'on a appelé des « clubs ». Une étude longue et systématique d'individus marqués a prouvé que de nouveaux couples se forment dans ces clubs.

Fig. 1. — Mâle de Goéland argenté (*à gauche*) en train de donner à manger à sa femelle.

Dans la formation du couple, c'est la femelle qui prend l'initiative. Une femelle non-appariée s'approche d'un mâle, en adoptant une attitude particulière : elle tire le cou en arrière, pointe le bec en avant et légèrement vers le haut, et, se mettant en position horizontale, marche lentement autour du mâle de son choix. Le mâle réagit de l'une des deux façons suivantes. Ou bien il se met à marcher avec arrogance en tous sens et à attaquer d'autres mâles, ou bien il émet un cri prolongé et s'en va, en marchant, avec la femelle. Alors, souvent, la femelle se met à lui demander de la nourriture en donnant de curieux petits coups de tête. Le mâle répond à cette demande en régurgitant un peu de nourriture, que la femelle engloutit voracement (fig. 1). Au début de la saison, cela peut n'être qu'un simple flirt, et ne pas aboutir nécessairement à l'union. Mais, d'ordinaire, ces couples commencent à s'attacher l'un à l'autre, et c'est ainsi que se forme le couple au sens précis du mot. Une fois le couple formé, on passe au stade suivant : les oiseaux se mettent en quête d'un abri. Ils quittent le « club » et choisissent un territoire quelque part dans la colonie, où ils commencent à construire un nid. L'un et l'autre ramassent des matériaux et les transportent à l'emplacement de leur choix. Là, tour à tour, ils s'asseyent et creusent une sorte de trou peu profond, en grattant avec leurs pattes, puis le délimitent avec de l'herbe et de la mousse.

Une ou deux fois par jour, les oiseaux s'accouplent. Cette activité est toujours introduite par une cérémonie assez longue. L'un ou l'autre des deux se met à donner des coups de tête, comme s'il demandait à manger. La différence avec le comportement similaire que nous venons de voir à propos de la « cour » est que ce sont les deux oiseaux qui, pour finir, exécutent ce mouvement. Ils le continuent un temps appréciable et, peu à peu, le mâle se met à tendre le cou ; peu après, il bondit en l'air et monte la femelle. La copulation s'effectue alors de la façon suivante : le mâle met son cloaque plusieurs fois de suite en contact avec celui de la femelle.

Coïncidant avec la formation du couple, la nidification, le repas de cour et la copulation, un autre type de comportement est apparu, plus spécialement chez le mâle : l'agression. Dans le cadre du « club » déjà, l'agressivité du mâle peut être telle qu'il chasse tous les Goélands argentés de son voisinage. Une fois établi sur son territoire, le mâle devient tout à fait intolérant à l'égard des intrus. Tout mâle qui franchit les limites du territoire est attaqué. En général, cette attaque se limite à une menace, qui suffit à écarter l'importun. Il existe trois types de menace. La forme la plus bénigne est la « posture droite » : le mâle tend le cou, dirige son bec vers le bas, et parfois lève les ailes (fig. 2). Dans cette attitude, il marche sur l'étranger avec une raideur surprenante, tous muscles tendus. Le degré suivant dans cette manifestation d'hostilité est l' « arrachage d'herbe » : le mâle se rapproche le plus possible de l'adversaire et, tout d'un coup, se penche et donne des coups de becs furieux sur le sol. Il y prend un peu d'herbe, de mousse ou de racines, et tire ces objets de terre. Quand le mâle et la femelle font ensemble face à un couple voisin, ils adoptent un troisième type de menace, le « halètement » : ils plient les talons, baissent le jabot, dirigent le bec vers le bas en abaissant les os de la langue (ce qui leur donne une expression très curieuse) et font une série de mouvements incomplets comme s'ils voulaient picorer. Cela s'accompagne d'un genre de cris rauques et rythmés.

FIG. 2. — Posture droite de menace chez le Goéland argenté mâle.

Tous ces gestes de menace impressionnent visiblement les autres Goélands argentés. Ils comprennent l'intention et, souvent, battent en retraite.

Quand les œufs ont été pondus, le couple les couve tour à tour.

Là aussi, la coopération est très impressionnante. Jamais les œufs ne sont abandonnés. Pendant que l'un des parents couve, l'autre cherche de la nourriture, peut-être à des kilomètres de là. Quand il revient, son compagnon attend qu'il se rapproche du nid, à la marche. Cette approche s'accompagne de mouvements et de cris spéciaux. Habituellement, l'oiseau pousse le long « miaulement » et souvent, il transporte un peu de matériau pour le nid. Alors, celui qui couvait jusque-là se lève, et l'autre prend sa place.

Il est permis de dire que le soin que les oiseaux prennent de leurs œufs est un comportement social, car, depuis l'instant où il est pondu, l'œuf est un individu. Habituellement, on n'estime pas que ce genre de rapports unilatéraux soient vraiment des relations sociales, mais il ne faut pas oublier que, bien qu'il ne bouge pas, l'œuf provoque des stimuli particuliers qui ont des répercussions profondes sur les parents.

Mais dès que les œufs éclosent, les relations entre parents et rejetons deviennent véritablement mutuelles. Au début, les poussins ne font pas grand-chose d'autre que de se laisser réchauffer ; quelques heures après l'éclosion, ils commencent à demander à manger. Quand l'oiseau sous lequel ils sont à l'abri leur permet de se lever, les poussins se mettent à effectuer en série des mouvements dirigés vers le bout du bec de cet oiseau, comme s'ils voulaient picorer. Peu après, celui-ci régurgite de la nourriture : un poisson à demi digéré, un crabe, une bouchée de vers de terre. Il en prend une petite pincée au bout de son bec et, patiemment, la présente aux poussins (fig. 3), attendant, la tête penchée en avant, que l'un d'eux, après plusieurs échecs, parvienne à l'attraper et l'avale. Une nouvelle bouchée est présentée, plusieurs peut-être. Puis les poussins cessent de mendier, l'oiseau adulte ravale rapidement le reste et s'installe à nouveau sur les petits.

FIG. 3. — Goéland argenté donnant à manger à son petit.

Une autre relation entre parents et rejetons apparaît lorsque des bêtes de proie pénètrent sur le territoire de la colonie. Ce sont les Chiens, les Renards et l'Homme qui provoquent les réactions les plus vive. Les adultes poussent le cri d'alarme bien connu : « gagaga! gagagagaga! » et s'envolent. Ce cri a un double rôle de communication. Les poussins courent se mettre à l'abri et s'applatissent sur le sol. Tous les membres adultes de la colonie s'envolent et se préparent à l'attaque. En fait, cependant, les attaques réelles sont effectuées individuellement par chaque couple. Dans ce cas, chaque oiseau se laisse tomber, et il arrive même qu'il frappe l'intrus avec une patte ou deux, s'il approche trop du nid. Parfois, ce genre d'attaque s'accompagne d'un

« bombardement » de nourriture régurgitée ou de fèces, arme fort répugnante ; pourtant, ces attaques n'ont pas un succès absolu. Elles troublent et détournent, dans une certaine mesure, le Renard, le Chien et même l'Homme, et elles les empêchent certainement de battre le terrain aussi parfaitement que si on les avait laissés faire. Il se peut que ces prédateurs laissent passer quelques nids, donc quelques petis, mais cela ne les empêche pas d'en trouver en tombant dessus par hasard. Mais cette inefficacité relative se retrouve dans toutes les fonctions biologiques : aucune d'elles n'aboutit à un succès complet et absolu ; toutes, pourtant, apportent une certaine contribution au succès. La couleur et le comportement du petit ont un caractère cryptique ; ils sont très précieux pour sa défense contre les prédateurs. En fait, toute l'utilité de l'attitude de reptation (fig. 4) est qu'elle évite d'attirer le regard d'un prédateur qui chasse à vue.

Fig. 4. — Poussin de Goéland argenté « rampant ».

Au bout d'un jour ou deux, les poussins deviennent plus mobiles. Ils se traînent sur tout le territoire, en s'éloignant de plus en plus du nid. Toutefois, ils ne quittent pas le territoire, à moins d'y être obligés par la présence fréquente d'humains (par exemple le passage de hordes d'amis de la Nature). Trop d'amour est d'ailleurs fatal aux poussins, car, quand ils quittent leur territoire, ils sont attaqués et souvent tués par les voisins. Le véritable amoureux de la nature obtiendrait plus de satisfaction s'il étudiait la vie des Goélands, patiemment et à distance. Ils assisterait alors à la plupart des phénomènes que nous avons décrits.

Nous trouvons donc de nombreuses preuves d'organisation sociale. Une partie de cette organisation a pour fin l'accouplement. Toutefois, il y a une coopération entre mâle et femelle qui n'a rien à voir avec l'accouplement, mais a pour fin la famille. Ensuite, et au-delà, il y a coopération entre parents et poussins. Les poussins pressent les parents de leur donner à manger ; il peut arriver que les parents ordonnent aux poussins de se cacher et de ne rien dire. Il y a aussi coopération entre couples ; le cri d'alarme fait lever toute la colonie. Le résultat de tout cela est que ces oiseaux réussissent à élever un grand nombre de petits. Nous sommes tellement habitués à ce fait qu'il semble ridicule de le souligner ; et pourtant, même des entorses mineures aux lois complexes de leur vie sociale peuvent leur être fatales. Nous n'en citerons qu'une : j'ai vu plusieurs fois un Goéland argenté en train de couver, se lever pour « se dégourdir les jambes » une minute. Tandis qu'il se lissait les plumes à deux mètres à peine du nid, un autre Goéland se laissait tomber et piquait du bec dans l'un des œufs, le partageant aussitôt en deux moitiés. Avant qu'il ait pu en avaler le contenu, le père ou la mère le chassait ; pourtant, l'œuf était perdu par la négligence de ce parent. Un autre cas : dans un couple que j'ai étudié, le mâle n'avait pas l'instinct de couvaison ; il ne relevait jamais la femelle. Celle-ci persévéra héroïquement et resta sur ses œufs 20 jours presque sans interruption. Le 21ᵉ jour, elle renonça et sa couvée fut perdue. Si ce fut une catastrophe au niveau des petits, ce fut une chance pour l'espèce, car on conçoit le tort que celle-ci aurait subi si les rejetons avaient hérité le défaut de leur père et si, au lieu d'un dégénéré de la sorte, la colonie en avait compté trois !

L'ÉPINOCHE COMMUNE (épinoche d'eau douce à trois aiguillons ou épines, *Gasterosteus aculeatus*) [50, 51, 70, 101, 110].

En dehors de la saison des amours, les Épinoches vivent en bandes. Quand elles paissent ensemble, nous pouvons constater un type de comportement beaucoup moins apparent chez les Goélands argentés, bien que ces derniers le présentent également. Quand un poisson a découvert un morceau particulièrement satisfaisant, et se met à le dévorer avec la gloutonnerie de sa race, d'autres se précipitent et tentent de le lui voler. Ils y réussissent parfois partiellement, car il arrive que certains parviennent à déchirer la proie et à s'en assurer un morceau. D'autres ont moins de chance ; dans ce cas, ils se mettent à chercher sur le fond. Cela veut dire que, toutes les fois où l'un des membres de la bande trouve à manger, cela peut en stimuler d'autres à chercher aux environs ; ainsi, la bande a toutes les chances de découvrir et d'utiliser au mieux les colonies d'animaux comestibles pour elle.

Comme chez le Goéland argenté, la saison des amours inaugure un système de coopération sociale beaucoup plus complexe que celui qu'on peut observer en automne

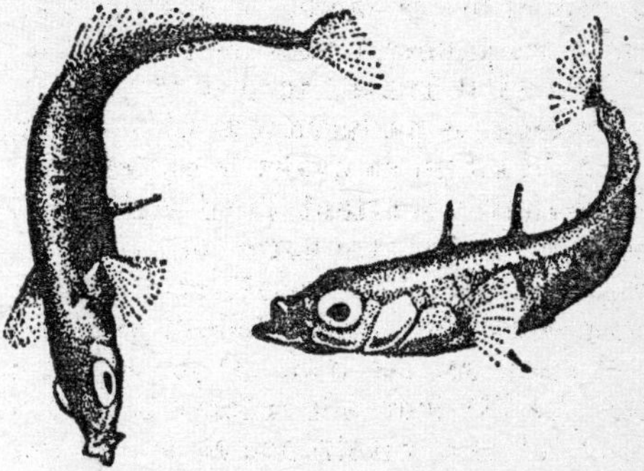

FIG. 5. — Incident de frontière entre deux mâles d'Épinoche commune (*d'après Ter Pelkwijk et Tinbergen, 1937*).

ou en hiver. Pour commencer, les mâles quittent la bande et choisissent des territoires. Ils portent de brillantes couleurs nuptiales ; leurs yeux deviennent d'un bleu brillant, le dos, habituellement d'un brun terne, prend des reflets verts, et le ventre rougit. Toutes les fois qu'un autre poisson, surtout un autre mâle, pénètre sur le territoire, il est attaqué (fig. 5). Là encore, la lutte réelle est plus rare que la menace. L'Épinoche mâle a une façon bien à lui de menacer. Non seulement il fonce droit sur l'adversaire en dressant les épines du dos et en ouvrant la bouche, prêt à mordre, mais si l'adversaire, au lieu de s'enfuir aussitôt, oppose de la résistance, le propriétaire du lieu, sans mordre réellement, dirige la tête vers le bas et, se tenant verticalement dans l'eau, exécute quelques mouvements saccadés, comme s'il voulait planter son museau dans le sable. Souvent, il dresse l'une de ses épines ventrales, ou les deux.

Fig. 6. — Phases de la cour chez l'Épinoche commune (*d'après Tinbergen, 1951*).

Quand le mâle n'est pas dérangé, il se met à construire un nid. Il choisit un emplacement et là, il drague le fond avec sa bouche, s'éloigne et dépose la charge une dizaine de centimètres plus loin. Il creuse ainsi un trou peu profond. Puis le mâle réunit des matériaux, généralement des fils d'algues, et les tasse dans le trou. De temps en temps, il rampe, avec un lent frémissement, au-dessus de son travail, en sécrétant une sorte de colle qu'il tire de ses reins et qui cimente les brins végétaux. Au bout de quelques heures ou quelques jours, il en résulte une sorte de motte verte dans laquelle le poisson creuse alors un trou en forçant le passage.

Le nid est désormais achevé. Aussitôt, le mâle change de couleur. Le rouge devient encore plus intense, et toutes les cellules de pigmentation noire qui se trouvent sur le dos se contractent jusqu'à n'être plus que des points minuscules. Ainsi, les cristaux bleu métallique de guanine qui se trouvent par-dessous, dans une couche plus profonde de la peau, sont exposés, et le dos est désormais d'un bleu brillant, presque blanc. Ayant donc le dos clair, le ventre rouge foncé et l'œil brillant, le mâle est alors extrêmement apparent. Ainsi paré de façon voyante, il fait le beau sur tout son territoire. Entre temps, les femelles, qui ne se sont nullement souciées de la nidification, ont pris un aspect argenté, et leurs corps sont considérablement alourdis par les gros œufs qui se sont formés dans les ovaires. Elles se déplacent en bandes. Dans les bons habitats de l'espèce, elles passent plusieurs fois par jour à travers des territoires occupés. Chaque mâle, s'il est prêt à accepter une femelle, réagit en exécutant une curieuse danse autour d'elles (fig. 6). Chaque danse consiste en une série de bonds, durant lesquels le mâle commence par tourner comme s'il allait s'éloigner des femelles, puis, brusquement, se retourne sur elles, la bouche grande ouverte. Parfois, il arrive qu'il en heurte une, mais, en général, il s'arrête juste en face d'elle, puis repart et recommence. Cette danse en zigzags effraie la majorité des femelles, mais il se peut que l'une d'elles soit suffisamment mûre pour accepter de pondre ; cette femelle fait alors exactement le contraire de la fuite : elle se tourne vers le mâle, tout en adoptant une attitude plus ou moins droite. Immédiatement, le mâle se retourne et nage rapidement vers le nid. La femelle le suit. Parvenu au nid, le mâle plonge son museau dans l'entrée, en se tournant sur l'axe longitudinal de son corps, de telle sorte qu'il se trouve sur le flanc, le dos tourné vers la femelle, laquelle tente alors de se faufiler dans le nid. Battant violemment de la queue, elle s'arrange pour pénétrer dans l'étroite ouverture et se glisse à l'intérieur. Elle reste dans le nid, la tête sortant à un bout, la queue à l'autre. Alors le mâle se met à la piquer du museau, à la base de la queue, lui imprimant un certain nombre de secousses rapides.

Au bout d'un certain temps, la femelle lève la queue et, peu après, elle pond. Cela fait, elle sort tranquillement du nid, le mâle y entre et, s'y glissant à son tour, fertilise les œufs. Puis il chasse la femelle, retourne au nid, répare le toit (qui a été soulevé et cassé par leurs passages), et souvent il arrange les œufs, en les cachant bien sous le toit. Ici s'achève la cérémonie. Il n'y a pas de « mariage », pas de relations personnelles, et le rôle de la femelle consiste seulement à fournir les œufs. C'est le mâle qui prendra soin d'eux et des petits. L'association entre mâle et femelle n'est donc qu'une série de brèves réactions réciproques, que l'on peut résumer dans le tableau suivant :

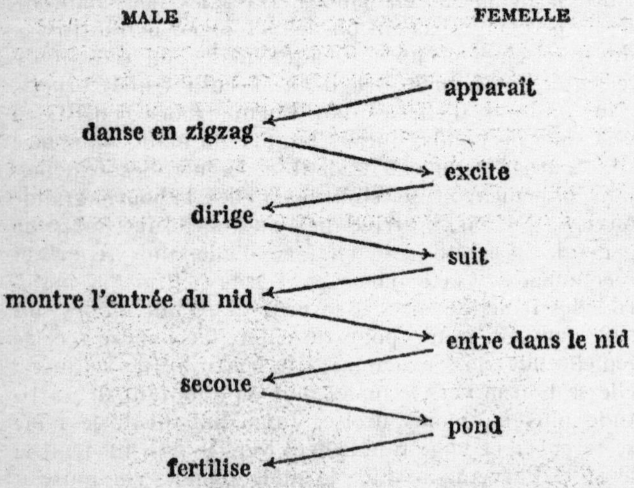

Le mâle peut courtiser deux, trois femelles ou même davantage, en quelques jours, et assembler ainsi dans son nid plusieurs paquets d'œufs. Alors, son instinct sexuel s'évanouit, et son comportement de mâle fait place à un comportement de père. Celui-ci consiste d'une part à écarter tous les envahisseurs, que ce soient des mâles, des femelles, d'autres poissons, ou des prédateurs, et d'autre part, à éventer les œufs. Pour cela, il exécute un mouvement remarquable appelé en anglais *fanning* (lit. : action d'éventer). Debout, devant l'entrée du nid, la tête dirigée obliquement vers le bas, le mâle dirige sur le nid un courant d'eau de haut en bas, par des mouvements alternés, vers l'avant, de ses nageoires pectorales. Pour compenser la pression vers l'arrière ainsi exercée sur son corps, il fait de sa queue des mouvements de nage en avant, qui le maintiennent exactement à la même place. Par ces mouvements, l'eau est aspirée vers lui, surtout depuis le haut et le bas, et renvoyée en partie sur le nid, en partie sur l'arrière. Cette activité est contrôlée par un ensemble complexe de stimuli, provenant du nid, du milieu et des œufs. Le temps passé à éventer augmente au cours des huits jours suivants. Au début, l'animal consacre environ 200 secondes par demi-heure à cette activité. Ce chiffre monte progressivement jusqu'à la fin de la semaine, où il arrive qu'elle occupe les 3 /4 de son temps. Cette augmentation est due en partie à un instinct de plus en plus fort, et en partie à une stimulation accrue de la part des œufs, lesquels consomment de plus en plus d'oxygène à mesure qu'ils se développent ;

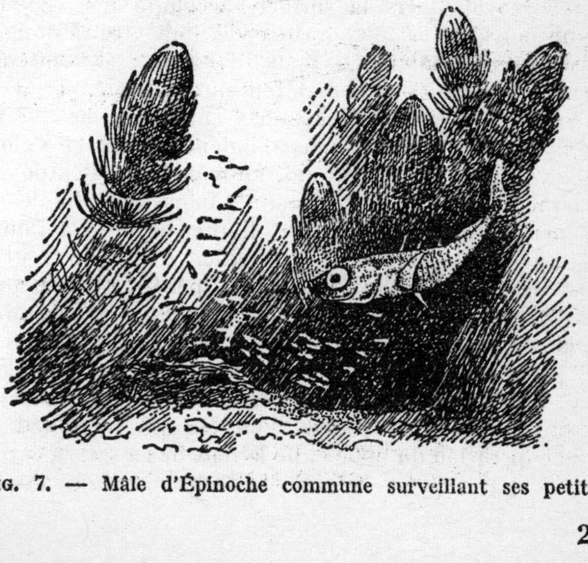

FIG. 7. — Mâle d'Épinoche commune surveillant ses petits.

c'est en effet le manque d'oxygène qui pousse le mâle à les éventer.

Les petits sortent des œufs au bout de sept ou huit jours, mais restent au nid un jour ou deux encore. Alors, ils commencent à inspecter les environs. Le mâle cesse brusquement d'éventer et, désormais, il surveille consciencieusement les petits (fig. 7). Dès que l'un d'eux fait mine de s'écarter (en rampant plutôt qu'à la nage, d'ailleurs), le père l'attrape dans sa bouche et le remet au milieu de la bande. Généralement, les petits sont trop apathiques pour se sauver. A une certaine occasion, toutefois, ils trouvent le moyen de déjouer la surveillance paternelle : on peut les voir bondir un par un à la surface, la toucher, puis redescendre en flèche. Souvent, le mâle s'en aperçoit, tente de les suivre, mais les rate toujours, et ne réussit à les capturer qu'une fois qu'ils sont redescendus. Ce curieux comportement des petits a une fonction particulière : à la surface, ils recueillent une minuscule bulle d'air, qui, par le tube digestif et un étroit tube latéral, pénètre dans la vessie natatoire. Lorsque cette bulle d'air initiale y est arrivée, la vessie peut désormais se remplir d'elle-même. Si ce rapide voyage vers la surface, accompli par chaque jeune poisson une fois dans sa vie, doit être si rapide, c'est pour échapper à deux dangers : d'éventuels prédateurs, et les bonnes intentions du père.

Au cours des deux semaines suivantes, les petits acquièrent de plus en plus d'indépendance, et s'éloignent de plus en plus du nid. Le mâle cesse d'éprouver l'instinct de les garder ensemble, mais, à partir de ce moment-là, les petits restent librement réunis. Pourtant, le père continue de les surveiller. Peu à peu, toutefois, cela cesse de l'intéresser, et il perd ses belles couleurs ; au bout de quelques semaines, il quitte le territoire et cherche la compagnie de ses semblables, tandis que les petits s'attachent à des compagnons de leur âge.

Le comportement social des Épinoches ressemble donc à celui du Goéland argenté sous bien des rapports. Il y a coopération du mâle et de la femelle en vue de fertiliser les œufs ; chez l'Épinoche, toutefois, l'association des deux sexes ne va pas au-delà. Il y a des relations entre le mâle et les œufs, le père et ses enfants, entre les jeunes eux-mêmes, et il y a des batailles. Les jeunes stimulent leur père de diverses façons, et celui-ci réagit par plusieurs types de conduite. On ne sait pas encore avec certitude si, indépendamment du fait qu'il va les rattraper de temps en temps, le père exerce sur ses enfants une action qui les oblige à rester près du nid.

LE SATYRE SÉMÉLÉ (*Eumenis semele*) [108]

Étudions maintenant le comportement d'un insecte. Je choisis ce papillon (fig. 8) car je connais son comportement mieux que celui de beaucoup d'autre insectes.

FIG. 8. — Le Satyre Sémélé. *En haut :* face dorsale ; *en bas :* face ventrale. Les écailles olfactives (aile gauche du mâle) sont soulignées en noir (*d'après Tinbergen et al., 1942*).

Les chenilles passent l'automne et l'hiver sur les herbes dures et sèches qui poussent dans l'aride habitat de cette espèce. Elles deviennent nymphes à la fin du printemps. Au début de juillet, les papillons commencent à sortir. Ils passent une bonne partie de leur temps à se nourrir : ils sucent le nectar de diverses fleurs et recherchent les arbres qui « saignent », en particulier ceux qui ont été attaqués par les larves d'un papillon de nuit, qui creusent des galeries dans le bois vivant. On peut voir les Satyres Sémélé par groupes de cinq, dix ou plus, mais ces rassemblements ne sont pas de nature sociale ; nous avons affaire à un simple cas d'attraction commune par des stimuli extérieurs : la couleur et l'odeur du bois. Le comportement reproducteur ne tarde pas à apparaître. Les mâles cessent de chercher à manger et se posent sur le sol ou sur l'écorce des arbres. Ils sont aux aguets, et dès qu'un autre papillon passe, ils s'envolent et le poursuivent. Si cet autre est une femelle de leur espèce, prête à s'accoupler, elle réagit à l'approche du mâle en se posant. Le mâle la suit et se pose derrière elle. Alors il s'avance et prend position en face d'elle. Si elle ne réagit pas en battant des ailes (ce qui indique que son désir sexuel est au-dessous du point optimum et, souvent, détourne le mâle), mais reste immobile, il entame une cour élégante. Tout d'abord il fait sauter ses ailes vers le haut et l'avant, en une succession de mouvements rapides. Puis, les tenant légèrement en l'air, de façon à laisser voir les belles taches noires de ses ailes antérieures (ces taches ont un point blanc au centre), il ouvre et ferme rythmiquement le devant de ses ailes en agitant les antennes. Cela peut durer plusieurs secondes, voire une minute. Alors il lève et ouvre largement ses ailes antérieures et, par un lent tremblement, les fait monter si haut que, bien que son corps lui-même soit presque immobile, il semble faire une profonde révérence à sa femelle (fig. 9). Puis, toujours dans cette position, il referme ses ailes antérieures en saisissant entre elles les antennes de la femelle. L'ensemble de

Fig. 9. — La « révérence » du Satyre Sémélé (*d'après Tinbergen et al., 1942*).

cette révérence dure un peu plus d'une seconde. Ensuite, il retire ses ailes et fait rapidement le tour de la femelle, jusqu'à ce qu'il soit juste derrière elle, puis avance l'abdomen et le met en contact avec ses organes génitaux à elle. Quand il y est arrivé, il tourne sur lui-même jusqu'à ce qu'il lui tourne le dos, et c'est dans cette position que se passe l'accouplement. Au bout de 30 à 45 minutes, le contact est rompu et les deux papillons se quittent pour toujours. Tout le reste de sa vie, le Satyre Sémélé est un individualiste : jamais il ne s'associe réellement à d'autres. La femelle pond sur des objets soigneusement choisis, parmi les herbes qui nourriront les chenilles. Les œufs ne sont pas rassemblés, et les chenilles ne s'associent pas, comme le font celles de nombreuses autres espèces. Il n'y a donc pas de comportement social au-delà de ces brèves noces.

TYPES DE COOPÉRATION SOCIALE

En général, la coopération de deux individus ou plus commence par une attraction ; loin de tomber par hasard l'un sur l'autre, ces individus se recherchent, souvent sur de grandes distances. Pendant le mois d'avril, les Rossignols mâles (*Luscinia megarhyncha*) rejoignent leurs lieux de couvaison. Cette arrivée est aisée à constater, du fait de leur chant fort et persistant. C'est une occupation fort agréable de les surveiller à l'aube. Il apparaît bientôt que chaque mâle limite ses déplacements à un petit terrain, son territoire. En outre, tous les mâles sont solitaires : il n'y a pas encore de femelles. Si nous surveillons un mâle jour après jour, nous découvrirons, un beau matin, qu'une femelle est arrivée et l'a rejoint. Dès cet instant, ils constituent un couple. Quand on sait que cette femelle a fait seule, et plusieurs jours après le mâle, le long voyage qui sépare ses quartiers d'hiver, dans le bassin de la Méditerranée, des latitudes de l'Europe septentrionale, on est stupéfait qu'elle ait trouvé un mâle. Comment s'y prend-elle?

Un autre exemple, tout aussi étonnant, nous sera fourni par le Paon de Nuit ou Saturnie (*Saturnia*).

Fabre, l'illustre entomologiste français, a étudié la variété Saturnie Grand Paon (*S. pyri*). Il raconte qu'une femelle, sortie de son cocon en captivité, fut bientôt entourée de nombreux mâles, dont certains avaient dû couvrir une distance considérable, car l'espèce était rare dans la région. On peut faire des observations similaires sur de nombreuses autres espèces de « papillons de nuit », comme les Lasiocampidés, les Lymantriidés et les Psychidés.

Si ces cas nous frappent, c'est parce qu'il s'agit d'exploits qui, au premier regard, semblent bien plus remarquables que les nôtres. Fondamentalement, cependant, ils ne sont pas plus mystérieux que ceux de nombreuses autres espèces, dans lesquelles les individus se retrouvent à de bien plus courtes distances. Les moustiques d'un essaim, les marsouins d'une bande, une famille d'oies dans une cour de ferme, et d'innombrables autres exemples d'animaux qui se rassemblent ou demeurent ensemble sont tout aussi surprenants que les deux cas dont nous avons parlé. Tout d'abord, nous ignorons quels organes sensoriels interviennent. Ces animaux se voient-ils ? Ou bien s'entendent-ils, se sentent-ils ? Ou même, utilisent-ils des organes inconnus de nous ? Et si même nous savons quels organes entrent en jeu, pourquoi ces animaux obéissent-ils au message que ces organes leur transmettent ? Comment « savent »-ils ce que signifie le message ? Bref, quel est le mécanisme de la coopération ? De plus, nous désirons savoir à quoi sert le groupement animal. Nous le savons dans le cas de l'accouplement. Mais pourquoi les Étourneaux ou les Hirondelles s'attroupent-ils ? Ou, pour prendre un détail : quelle est la fonction de la révérence du Satyre Sémélé mâle ?

Une fois que les animaux se sont réunis, nous assistons à diverses formes de coopération. La forme la plus simple consiste à « faire la même chose » que les autres. Quand un Goéland argenté vole, les autres volent aussi. Quand des Poules domestiques, qui viennent de manger à leur faim, voient l'une d'elles se remettre à manger, elles la rejoignent et l'imitent, tout comme les Épinoches, déjà nommées[37]. Ce principe d'« induction sympathique », comme l'appelle McDougall [58], est à l'œuvre chez de nombreux animaux sociaux, l'Homme compris. Nous bâillons quand nous voyons quelqu'un d'autre bâiller, nous sommes effrayés quand nous lisons sur le visage d'un tiers une peur intense. Cela n'a rien à voir avec l'imitation ; les individus qui réagissent ainsi n'apprennent pas à exécuter certains mouvements en regardant les autres les exécuter ; loin de là, ils sont mis dans le même état d'esprit, et réagissent en exécutant leurs propres mouvement innés.

Si l'on surveille les manœuvres d'un vol d'Étourneaux ou d'échassiers, on découvre un autre type de coopération. Non contents de voler quand les autres volent, ces animaux dirigent leur vol sur celui des autres. Il est très passionnant de voir des milliers d'Étourneaux en train de survoler en rond leur champ, les soirs d'hiver, tourner comme sur l'ordre d'un officier : à gauche, à droite, en haut, en bas! Leur coopération semble si parfaite que l'on en oublie les individus et que l'on voit spontanément en eux un nuage, un gigantesque « super-individu ».

Dans tous ces cas, les animaux intéressés font la même chose. Il y a de nombreux autres types de coopération, où il existe une répartition du travail. Chez les oiseaux de proie, par exemple, c'est généralement le mâle qui chasse pour toute la famille, tandis que la femelle veille sur le nid. Le mâle rapporte à manger, mais ne nourrit par lui-même les petits; il remet la proie à sa compagne (fig. 10), qui la distribue alors aux petits. De nombreux oiseaux commencent une seconde couvée tandis que les petits de la première

Fig. 10. — Cercerelle mâle remettant une proie à sa compagne.

couvée sont encore incapables de subvenir eux-mêmes à leurs besoins. Cela implique que les parents fassent deux choses à la fois : couver les derniers œufs et surveiller les petits de la couvée précédente. Chez l'Engoulevent commun (*Caprimulgus europaeus*[44]), ces tâches sont réparties : le mâle reste avec les petits et la femelle couve les derniers œufs. Chez le Pluvier à collier (*Charadrius hiaticula*), le mâle et la femelle se relaient : de temps en temps, celui qui guidait les petits monte sur le nid, et celui qui couvait s'en va avec eux [49]. Bien entendu, cela implique une coopération et une synchronisation étroites.

La division du travail est poussée à l'extrême dans les ruches d'Abeilles domestiques. Seule la reine pond ; les mâles n'ont rien d'autre à faire qu'à féconder les reines vierges. Toutes les autres tâches reviennent aux ouvrières, femelles stériles. Certaines d'entre elles construisent les gâteaux de cire, d'autres nourrissent les larves, d'autres gardent la ruche et chassent les intrus, d'autres enfin vont récolter du miel ou du pollen, etc.

Souvent, la division du travail est réciproque. Un bon exemple en est fourni par le comportement sexuel du Satyre Sémélé, et, bien entendu, de nombreuses autres espèces. La cour du mâle incite la femelle à coopérer, et, dans l'accomplissement du coït, les mouvements du mâle et de la femelle se correspondent parfaitement, ainsi que les organes intéressés. Les modes de cette coopération varient à l'infini avec les espèces. Bien souvent, elle est plus complexe encore que dans les cas cités jusqu'ici : que l'on songe aux Libellules, aux Calmars, aux Limaces ou aux Salamandres. Pourtant, même le cas le plus simple de coopération mutuelle présente de nombreux problèmes sans solution. Quiconque accepte de passer une heure à surveiller un Merle ou autre oiseau chanteur nourrissant ses petits, aura un exemple de cette coopération. Tant que les parents sont loin, en train de chercher à manger, les petits se tiennent tranquilles au fond du nid ; mais dès que le père ou la mère se pose sur le bord du nid, les petits se lèvent, tendent le cou et ouvrent le bec tout grand (fig. 11). L'adulte réagit en se penchant et en déposant la nourriture dans la bouche de l'un d'eux ; le petit avale et se rassied. Mais ce n'est pas tout : généralement, l'adulte attend et examine soigneusement le fond du nid. Bientôt, nous observons un mouvement dans le tas d'oisillons : un ou deux d'entre eux remuent de l'abdomen, ouvrent la couronne de plumes épineuses qui entourent le cloaque et, aussitôt, une jolie petite boule de fèces blanches fait son apparition. L'adulte la recueille, l'avale séance tenante, ou bien la porte plus loin et la laisse tomber à quelque distance du nid. Ainsi, l'hygiène du nid est assurée par une coopération : le petit présente habilement à l'adulte ce qui l'embarrasse, et ce dernier ramasse l'objet et le fait disparaître.

FIG. 11. — Merle donnant à manger à ses petits.

Les poissons à couvaison buccale présentent un autre exemple de comportement réciproque. La femelle du plus grand des Ciclidés, le *Tilapia natalensis*, recueille les œufs dès que le mâle les a fécondés, et les transporte dans sa bouche. Quand les petits en sortent, ils restent tout d'abord dans la bouche de leur mère, puis, au bout de quelques jours, ils s'égayent, mais restent dans les environs de la mère ; en cas de danger, ils se hâtent de revenir dans la bouche maternelle (fig. 12) ; elle les recueille et les garde jusqu'à ce que l'alarme soit passée.

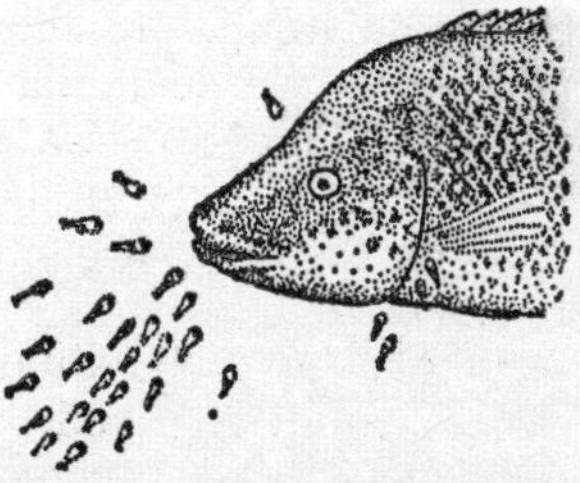

FIG. 12. — Petits du *Tilapia natalensis* revenant auprès de leur mère.

Ces brèves histoires de coopération entre individus pourraient, bien entendu, être multipliées. L'éventail des phénomènes du règne animal est infiniment plus varié que je n'ai pu le montrer dans le cadre limité de ce livre.

Dans l'ensemble, tous les phénomènes connus peuvent être répartis entre quatre grands types, attestés par une ou plusieurs des espèces dont nous traitons.

1) Mâles et femelles se réunissent pour la reproduction. Leur coopération tend à la fécondation, puis à l'apparition de nouveaux individus. Elle a un but, qui ne saurait être atteint par l'un des partenaires s'il était seul. Généralement, l'un et l'autre jouent un rôle actif, bien que le mâle soit habituellement plus actif que la femelle.

2) Les parents (ou l'un d'entre eux) surveillent leurs rejetons, ou en prennent soin, tant qu'ils dépendent de cette surveillance. Là, les relations sont à sens unique en ce qui concerne leurs effets. Les parents « aident » les petits, alors que les petits n' « aident » pas les parents. Pourtant, comme une première observation, superficielle, l'a donné à penser, et comme l'analyse nous le confirmera, il y a coopération réciproque, en ce sens que le petit stimule les parents, provoque une réaction de leur part, tout autant que les parents stimulent les petits et provoquent une réaction de leur part.

3) Dans bien des espèces, les associations entre individus dépassent le cadre de la famille ; dans ce cas, il y a vie de groupe. Comme cette vie de groupe présente beaucoup d'aspects déjà connus par la vie de famille (il se peut même que, dans beaucoup d'espèces, la vie de groupe ne soit qu'une simple extension de la vie de famille), nous traiterons ensemble de ces deux organisations : la famille et le groupe.

Enfin 4), les individus peuvent s'associer d'une façon toute différente : en se combattant. A première vue, la lutte semblerait être à l'opposé de la coopération : c'est un antagonisme. Pourtant, comme j'espère le montrer dans ce qui suit, la lutte entre animaux d'une même espèce, bien qu'elle ne serve en rien aux individus, est hautement utile à l'espèce, si paradoxal que cela puisse paraître. Les dangers ainsi encourus par l'individu ne sont pas différents en nature, s'ils le sont en degré, de ceux qu'il encourt quand il s'accouple ou quand il garde et défend ses petits ; il est cependant évident que l'accouplement et la défense des petits sont utiles à la descendance, donc à l'espèce, alors que ce n'est pas immédiatement évident dans le cas de la lutte. Nous verrons au chapitre 4 que la lutte a une fonction ; nous devrons donc analyser aussi ce type de coopération.

Les chapitres suivants traiteront des façons diverses dont toutes les espèces organisent ces quatre types de coopération sociale ; nous les classerons d'après les fonctions remplies, et non d'après les mécanismes mis en œuvre.

2 LE COMPORTEMENT SEXUEL

LES FONCTIONS DU COMPORTEMENT SEXUEL

De nombreux animaux, notamment ceux qui vivent dans la mer, assurent la fécondation des cellules appelées œufs, d'une façon si simple que nous ne pouvons guère parler de comportement. Les Huîtres, par exemple, se contentent d'éjecter leur sperme, en quantités considérables, à certaines périodes de l'année : pendant quelque temps, chaque individu est enveloppé d'un véritable nuage de sperme. Les œufs, semble-t-il, ne peuvent pas ne pas être fécondés. Même là, pourtant, on trouve un type important de comportement : la fécondation ne réussirait pas si les divers individus ne produisaient pas, qui du sperme, qui des œufs, au même moment. Une certaine synchronisation est donc nécessaire. Comme j'espère le montrer, la chose est également vraie des animaux terrestres.

Chez de nombreux animaux supérieurs, terrestres en particulier, la fécondation implique un accouplement ou coït. Celui-ci exige plus qu'une simple synchronisation : un contact physique. C'est là une chose que la plupart des animaux évitent. C'est une adaptation, l'un des éléments de leur défense contre les prédateurs. Etre touché, c'est généralement être capturé. En conséquence, quand deux animaux s'accouplent, ils sont (et surtout la femelle) dans une situation dangereuse. Il faut donc, chez ces animaux, que le comportement de fuite soit inhibé pour que le comportement sexuel puisse intervenir. Comme la femelle transporte les œufs pendant un certain temps, souvent alors qu'ils sont déjà fécondés, et que, dans beaucoup d'espèces, la femelle contribue bien plus que le mâle à l'alimentation et à la protection des petits, elle est la partie la plus précieuse du capital de l'espèce. En outre, un mâle peut fréquemment féconder plus d'une femelle : cela aussi rend le mâle moins précieux, biologiquement parlant, que la femelle. Il n'est donc pas surprenant que la femelle ait besoin d'être convaincue plus que le mâle, et c'est peut-être là la principale raison pour laquelle la cour est si souvent le fait du mâle. Dans bien des cas, le mâle a aussi besoin d'être convaincu, mais pour des raisons différentes. Les mâles de la plupart des espèces sont extrêmement combatifs à la saison des amours, et si les femelles ne peuvent les apaiser, elles risquent d'être attaquées au lieu d'être courtisées.

De plus, outre la synchronisation, qui est une coordination dans le temps, il doit y avoir une coordination très précise dans l'espace : il faut que mâles et femelles se rencontrent ; pendant l'acte lui-même, il faut qu'ils mettent leurs organes génitaux en contact ; enfin, il faut que le sperme trouve les œufs. Cette orientation est aussi l'une des fonctions du comportement sexuel.

Enfin, l'accent est mis sur la nécessité d'éviter l'accouplement avec un représentant d'une autre espèce. Comme les gènes, et les processus de croissance extrêmement complexes qu'ils mettent en mouvement, diffèrent selon les espèces, le coït entre animaux d'espèces différentes met en précence des gènes extrêmement différents, et cela rompt aisément l'équilibre délicat du schéma de la croissance. En conséquence, l'interfécondation aboutit à des œufs non viables (ils meurent dès le début de leur croissance) ; dans les cas les moins graves, les hybrides sont viables, mais moins résistants que les êtres normaux, ou stériles. Cette importance de l'endogamie a provoqué l'apparition de différences entre les mises en scène de l'accouplement dans les différentes espèces, de sorte que chaque individu puisse aisément « reconnaître » sa propre espèce.

Outre l'insémination effective, les fonctions du comportement sexuel sont donc la synchronisation, la persuasion, l'orientation et la sélection reproductive.

Dans le présent chapitre, la question que nous examinerons sera : comment ces fonctions sont-elles remplies? Quel rôle joue le comportement social, et comment parvient-il à ces résultats? Disons d'emblée que notre savoir, sur ce point, est très médiocre. Nous avons des bribes de renseignements sur chacun de ces problèmes, mais une partie de nos connaissances porte sur une certaine espèce, et le reste, sur d'autres. Nous ne savons tout à propos d'aucune espèce. La seule chose que nous puissions faire est donc de donner des exemples des diverses façons dont le comportement sexuel parvient à ses fins, et de laisser aux chercheurs le soin de découvrir dans quelle mesure nous sommes fondés à généraliser ces résultats.

Une chose semble déjà évidente : l'ensemble du comportement en question est d'un niveau « psychologique » relativement bas, et n'implique pas une prévision des fins, ni une action délibérée en vue de les atteindre. Comme nous le verrons, chez tous les animaux excepté l'Homme et, peut-être, certains grands singes, le comportement sexuel consiste en des réactions immédiates à des stimuli intérieurs et extérieurs. Il n'est pas possible de faire intervenir, comme causes du comportement, des effets « prévus » de celui-ci, comme c'est le cas chez l'Homme (d'une façon qui reste d'ailleurs entièrement mystérieuse).

EXEMPLES DE SYNCHRONISATION

On a montré récemment [41] que la synchronisation du comportement reproducteur de l'Huître (*Ostrea edulis*) était due à un facteur extérieur assez inattendu ; nous ne sommes donc pas en face d'un problème sociologique au sens strict. Pourtant, il est peut-être bon de l'examiner ici, comme un exemple de la façon dont l'action d'agents extérieurs peut souvent « singer », pour ainsi dire, la coopération sociale.

Une huitaine de jours après que les huîtres aient pondu, leurs larves « essaiment ». Elles ont alors une très courte période de flotaison et, peu après, se posent sur un corps solide. Dans les estuaires boueux de l'Escaut en Hollande, les ostréiculteurs augmentent leur cheptel en déposant au fond de la mer, comme supports solides, des tuiles de maison. Il ne faut pas le faire trop tôt avant l'essaimage, sinon les tuiles seraient couvertes d'autres organismes avant que les larves d'huîtres aient pu s'y installer. Il a donc fallu qu'un zoologue découvre un moyen de prévoir la date de l'essaimage. Son pronostic, qui repose sur des années de recherches, paraît étonnant : « Le grand maximum doit être prévu, chaque année, entre le 26 juin et le 10 juillet, environ dix jours après la pleine lune ou la nouvelle lune » (fig. 13). On dirait une mauvaise plaisanterie, et pourtant c'est la simple vérité. Comme l'essaimage a lieu huit jours après la ponte, cela signifie qu'il faut attendre la ponte deux jours après la pleine-lune ou la nouvelle-lune. Et c'est là ce qui nous donne la clé de l'agent synchronisateur : les marées. La ponte s'effectue au printemps. Nous ignorons comment le printemps agit sur l'Huître ; il n'est pas improbable

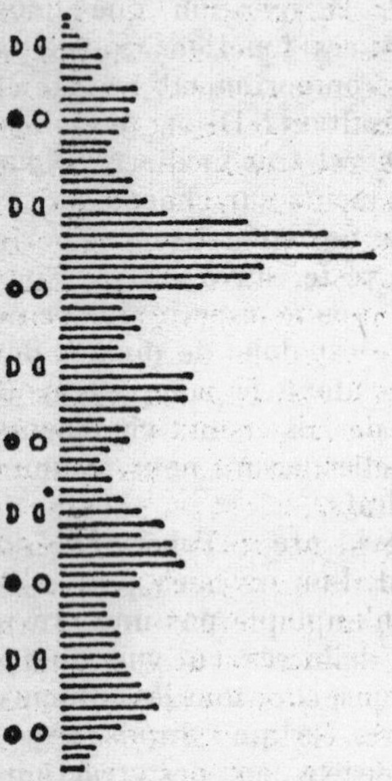

FIG. 13. — Essaimage de larves d'Huître durant 74 jours consécutifs, en juin, juillet et août ; on discerne le rapport avec les phases de la lune (*d'après Korringa, 1947*).

que ce soit une question de pression d'eau : celle-ci a ses plus grandes oscillations lors des marées de printemps. En outre, l'intensité de la lumière pénétrant jusqu'au fond de l'eau atteint ses fluctuations maxima à cette période, et il se peut que cela intervienne aussi.

Comme les Huîtres ne pondent pas à chaque marée de printemps, il faut qu'il y ait un autre facteur qui les prépare à réagir en juin aux marées de printemps ; quel est ce facteur ? nous l'ignorons encore. Il agit avec une bien moins grande précision que les marées, car, bien que la ponte maxima se situe entre le 18 juin et le 2 juillet, il y a des maxima secondaires lors des deux marées de printemps qui précèdent et suivent. Ce détail n'est pas connu à propos de l'Huître, mais, chez d'autres animaux, nous sommes quelque peu renseignés à son sujet.

On sait que non seulement les Huîtres, mais de nombreux autres animaux marins, dont les fameux vers Palolo du Pacifique et divers autres vers et mollusques, sont réglés par les marées.

Chez les animaux supérieurs, le problème est plus compliqué. On sait diverses choses au sujet des poissons, des oiseaux et des mammifères de la zone tempérée nord. La plupart d'entre eux commencent à se reproduire au printemps. La première phase est une migration vers un terrain spécial. Tous les individus effectuent cette migration à peu près à la même époque ; il peut cependant s'écouler des semaines entre l'arrivée des premiers et celle des derniers. Cette synchronisation grossière est due, elle aussi, non pas à un comportement social, mais à une réaction commune à un agent extérieur. Ici, le grand facteur est l'allongement progressif des jours à la fin de l'hiver [9,76]. Divers mammifères, oiseaux et poissons ont été soumis à un allongement artificiel de la journée ; le résultat en fut que la glande pituitaire de leur cerveau se mit à sécréter une hormone qui, à son tour, agit sur la croissance des gonades. Celles-ci se mirent alors à sécréter des hormones sexuelles, et l'action de ces hormones sexuelles sur le système nerveux central entraîna le premier acte du comportement reproducteur, la migration. Souvent, une élévation de la température ambiante accentue cet effet.

Comme nous l'avons dit, cette synchronisation n'est pas très précise. Tous les individus ne réagissent pas avec la même promptitude à l'allongement des jours. Il peut y avoir une différence considérable entre le mâle et la femelle d'un même couple. On a découvert, chez le Pigeon et d'autres animaux, que si le mâle est en avance sur la femelle, sa cour persistante peut accélérer le progrès de la femelle. Voici comment on a pu l'établir. Si l'on garde séparés, dans des cages voisines, un mâle et une femelle, en s'arrangeant pour qu'ils puissent se voir et même se toucher, mais non s'accoupler, la cour persistante du mâle finira par amener la femelle à pondre [14,15]. Bien entendu, ces œufs sont stériles. Il peut arriver, quand des femelles captives sont privées de mâles, que deux pigeonnes se constituent en couple. Dans ce cas, l'une d'elles adopte le comportement normalement observé chez le mâle. Et, bien qu'à l'origine, il est possible que leurs rythmes de reproduction aient été décalés, le résultat final est qu'elles pondent en même temps. D'une façon quelconque, leur comportement mutuel a donc produit la synchronisation, non seulement du comportement, mais aussi de l'ovulation.

Il se peut que cela existe dans d'autres espèces également. Darling a suggéré [18] que la cour commune des oiseaux qui couvent en colonie avait peut-être le même effet.

Mais il est indispensable que cette synchronisation se précise. Dans toutes les espèces qui s'accouplent, et même dans beaucoup d'autres, la coopération entre mâle et femelle doit suivre un schéma de durées très exact, car sans coopération soigneusement conjuguée, la fécondation serait impossible. Très rares sont les espèces chez qui le mâle oblige la femelle à s'accoupler contre son désir. Il faut donc que, chez la plupart d'entre elles, il se produise une forme très précise de synchronisation ; c'est une question de fractions de seconde. Cela se fait par une sorte de système de signaux. A titre d'exemple, voyons comment s'accouplent les Épinoches communes [101]. Dans le schéma de la p. 24, les flèches indiquent non seulement une succession dans le temps, mais aussi une relation de cause à effet : chaque réaction fonctionne comme un signal provoquant, chez le partenaire, la réaction suivante. Par exemple la danse en zigzag du mâle fait approcher la femelle ; cette approche pousse alors le mâle à la guider ; ce qui l'entraîne à le suivre, etc. Ceci se démontre aisément au moyen d'animaux artificiels. Si l'on présente au mâle, sur son territoire, une très grossière imitation de femelle gravide (fig. 14), il s'en approche et exécute

FIG. 14. — Mâle d'Épinoche commune faisant sa cour à une grossière imitation de femelle.

la danse en zigzag. Et dès que l'on tourne l'animal artificiel dans sa direction en le faisant « nager » vers lui, il se retourne et guide l'objet vers son nid.

De la même façon, nous pouvons amener des femelles gravides à réagir à un mâle artificiel ; là encore, une grossière imitation suffira, pourvu qu'elle soit rouge en-dessous. Un œil d'un bleu brillant pourra y contribuer, mais aucun autre détail n'est nécessaire. Si l'on fait tourner cet objet autour d'une femelle gravide, en une grossière imitation de la danse en zigzag, la femelle se tourne vers l'animal artificiel et s'en approche. Si, alors, nous déplaçons celui-ci, la femelle le suit, et il sera même possible de la faire « entrer » n'importe où au fond de l'aquarium, en faisant « montrer l'entrée du nid » par le mâle artificiel (fig. 15). Point n'est besoin de nid : les mouvements de l'appât sont un stimulus suffisant pour que la femelle réagisse.

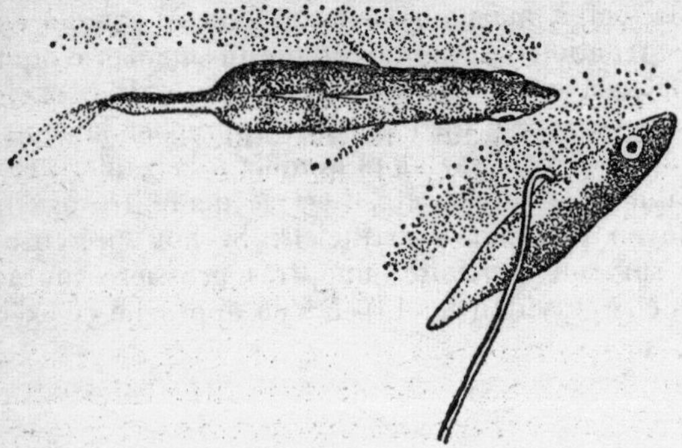

Fig. 15. — Femelle d'Épinoche commune suivant un mâle artificiel qui lui « montre l'entrée du nid » ; scène vue d'en-haut.

Or, dans ces cas-là, le poisson réagit non pas exclusivement aux mouvements du partenaire, mais aussi à certains détails de forme et de couleur. Si la femelle artificielle n'a pas l'abdomen gonflé de la femelle réelle, elle ne stimule pas le mâle à danser, ou à peine. Si le mâle artificiel n'a pas le ventre rouge, la femelle ne s'y intéresse pas. D'aurtre part, les autres détails ont peu d'influence ou n'en ont aucune, de sorte qu'il est plus facile de provoquer le comportement sexuel avec un modèle très grossier, mais « gravide », qu'avec une femelle vivante, mais non-gravide. Toutefois, l'abdomen gonflé, ainsi que la couleur rouge, éléments constants, n'expliquent pas la synchronisation des réactions du mâle. Ce sont les mouvements (qui apparaissent brusquement et exigent une réaction immédiate) qui expliquent la synchronisation précise.

Le comportement sexuel de l'Épinoche est une série complexe de telles successions « signal-réponse », et le résultat final en est que le mâle fertilise les œufs immédiatement après qu'ils aient été pondus par la femelle. Il n'est pas difficile d'observer ce comportement et d'effectuer les expériences décrites, avec des animaux artificiels. L'Épinoche commune accepte de se reproduire dans un aquarium de 0, 03 m³ ou davantage. Il faut du sable sur le fond, avec quelques algues d'une variété verte appropriée.

Nombreuses sont les espèces chez qui le comportement sexuel implique de tels mouvements-signaux, qui ont pour fin cet ultime raffinement de la synchronisation.

PERSUASION ET APAISEMENT

Même quand un animal est en période d'activité sexuelle, il ne réagit pas toujours immédiatement à la cour de son compagnon. Celui-ci peut avoir à attendre longtemps pour surmonter le dégoût de sa partenaire. La danse en zigzag d'une Épinoche mâle, par exemple, ne fait pas toujours réagir la femelle aussitôt. Il se peut qu'elle approche sans enthousiasme, et qu'elle s'arrête quand le mâle tente de la guider vers le nid. Dans ce cas, le mâle s'éloigne à nouveau et recommence sa danse en zigzag. Après plusieurs essais, il arrive qu'elle cède, le suive et entre dans le nid.

Cette répétition des signaux est nécessaire quand la femelle est entrée : il faut le tremblement prolongé du mâle pour qu'elle ponde. Si l'on enlève le mâle dès que la femelle est dans le nid, elle est incapable de pondre. Si l'on touche délicatement cette femelle avec une légère baguette de verre, en imitant avec cet instrument le tremblement du mâle, elle pondra aussi facilement que si c'était le mâle qui avait fourni le stimulus. Le mâle comme la baguette doivent la toucher un grand nombre de fois.

Chez de nombreuses espèces, cette répétition du signal est de règle. Chez l'Avocette [60], par exemple, l'accouplement est précédé d'une gymnastique étrange : le mâle et la femelle se lèvent et lissent leurs plumes avec hâte et « nervosité ». Au bout d'un certain temps, la femelle cesse de lisser ses plumes, et se met dans une position horizontale (fig. 16). C'est le signal qui indique qu'elle est prête à accepter l'accouplement, et c'est alors seulement que le mâle la monte et effectue le coït. Parfois, il ne réagit pas aussitôt, mais seulement au bout d'un certain temps.

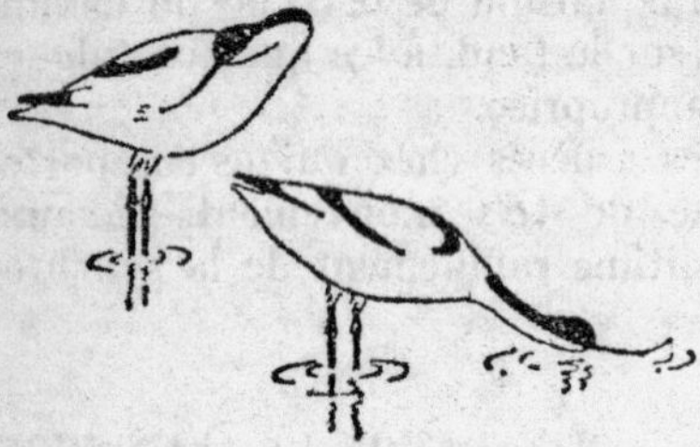

FIG. 16. — Manège pré-coïtal de l'Avocette d'Europe (*d'après Makkink, 1936*).

Les Goélands argentés introduisent le coït de la même façon. Le mâle et la femelle dressent la tête, en poussant un cri doux et mélodieux chaque fois que la tête s'élève (fig. 17). Là, c'est le mâle qui prend l'initiative de la copulation : après un certain nombre de ces mouvements exécutés en commun, il monte brusquement la femelle et accomplit l'acte.

FIG. 17. — Manège pré-coïtal du Goéland argenté (*d'après Tinbergen, 1940*).

Parfois, la persuasion a une autre fonction. Chez de nombreux oiseaux, et d'ailleurs dans d'autres espèces également, les mâles deviennent très agressifs à la saison des amours. En fait, le plus clair des luttes observées entre animaux est constitué par les luttes entre mâles rivaux, au printemps. Cette lutte est capitale. Comme elle vise toujours un mâle rival, il faut que la femelle soit différente du mâle ; faute de quoi elle serait aussi attaquée. Chez des espèces comme le Pinson, le Rossignol de murailles et divers Faisans, c'est là l'une des destinations des différences de plumage. Mais chez beaucoup d'autres espèces, comme le Roitelet, les plumages des mâles et des femelles ne sont pas très différents ; il arrive même qu'ils soient identiques ; dans ces cas-là, la femelle doit observer un certain comportement, afin de freiner l'agressivité du mâle. La raison d'être de cette « cour femelle » est donc d'éviter de provoquer une attaque. Alors qu'un mâle étranger, ou bien fuit devant le mâle menaçant (lequel se lance alors aussitôt à sa poursuite), ou bien adopte à son tour une attitude menaçante (ce qui provoque également l'agressivité du mâle attaqué), une femelle ne fait ni l'un, ni l'autre. Chez la Bouvière (*Rhodeus*

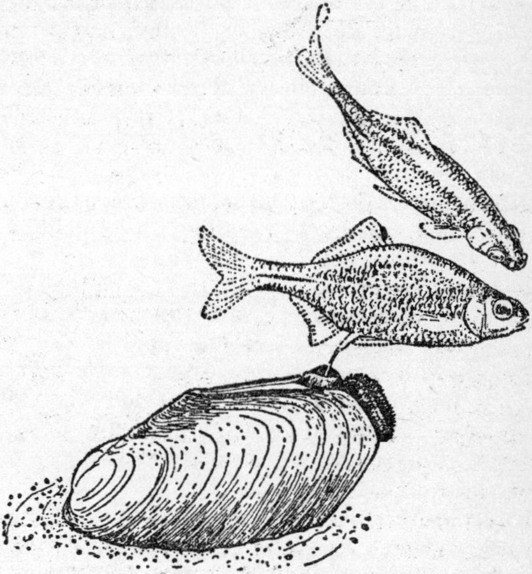

Fig. 18. — Bouvière mâle faisant sa cour à la femelle pendant la ponte (*d'après Boeseman et al., 1938*).

amarus), la femelle est d'abord attaquée [8]. Ou bien elle se retire calmement, ou bien, tout simplement, elle pare l'attaque en nageant sous le mâle. Le mâle semble alors incapable de l'attaquer et, au bout d'un moment, abandonne, et se met à lui faire la cour (fig. 18). Ce genre d'apaisement sans contrainte s'observe chez de nombreux Ciclidés [5]. Dans d'autres espèces, la femelle adopte un comportement infantile ; c'est-à-dire qu'elle a recours à la méthode d'apaisement qu'utilisent les petits et qui, probablement, stimule l'instinct paternel du mâle. C'est pourquoi, dans nombre d'espèces, le mâle nourrit la femelle tant qu'il lui fait sa cour. Cela se produit, nous l'avons vu, chez le Goéland argenté. Il y a aussi des espèces chez lesquelles les attitudes d'apaisement utilisées pendant la cour sont différentes de celles qu'utilisent les petits. Dans ce cas, la femelle (ailleurs, ce sont les deux sexes) adopte un type de comportement qui, à bien des égards, est l'exact opposé du comportement de menace. Quand, par exemple, des Mouettes rieuses (*Larus ridibundus*) se rencontrent à la saison des amours, elles se livrent à une manifestation consistant à baisser la tête et à pointer le bec l'une vers l'autre. Cette attitude menaçante est soulignée par le brun du visage, qui prolonge le bec, la véritable arme. Mais les individus désireux de former un couple manifestent leurs intentions pacifiques en secouant la tête ; pour cela, ils tendent le cou, puis, par secousses brusques, chacun tourne la tête à l'autre [109]. Dans cette espèce, comme les deux sexes sont assez agressifs, chacun d'eux doit apaiser l'autre.

Chez certaines araignées tisseuses, la mâle va rendre visite à la femelle sur sa toile. Là, il doit s'efforcer de l'apaiser, car il risque d'être pris pour une proie possible !

L'ORIENTATION

Une autre fonction importante de la cour est de diriger les mouvements sexuels dans l'espace. La fonction la plus apparente est l'attraction. Bien des oiseaux chanteurs, par exemple le Rossignol, passent l'hiver loin du terrain de couvée. Comme nous l'avons dit plus haut, les mâles reviennent du Midi bien avant les femelles. Comment celles-ci les retrouvent-elles ? Grâce à leur chant. De nombreux oiseaux attirent l'autre sexe par quelque grand bruit. Chez le Rossignol, il se trouve que ce bruit nous semble beau, et nous l'avons baptisé chant. L'appel de printemps du mâle du Héron Gris (*Ardea cinerea*), un cri rauque, ne plaît pas aux oreilles humaines ; il attire pourtant le Héron femelle [113] : il a exactement la même fonction que le « chant » du Rossignol. Le chant de l'Étourneau, le claquement du Pivert et le coassement du Crapaud appartiennent à la même catégorie. Le chant de nombreux oiseaux est accordé si exactement à cette fonction que son intensité est maxima tant que le mâle est privé de compagne, et qu'il cesse dès qu'une femelle arrive. Cela aussi résulte d'un conflit entre des intérêts opposés. Le chant sert l'espèce, car il attire les femelles (et, nous le verrons, repousse les mâles rivaux), mais nuit au mâle car il attire les prédateurs. Comme toujours, la nature a trouvé un compromis : le chant n'est produit que quand il est vraiment nécessaire, ou du moins quand les avantages dépassent les inconvénients.

Comme la plupart des animaux sont sourds (seuls les vertébrés et quelques autres groupes font exception), le signal auditif est rare. Il est bien développé chez les oiseaux, les grenouilles et les crapauds, plus divers insectes, comme le Criquet et la Sauterelle. Ces groupes ont acquis des organes exclusivement réservés à la production du son.

D'autres groupes utilisent l'odeur comme moyen d'attirer le sexe opposé. Les cas extrêmes se rencontrent chez les papillons de nuit. Les Psychidés ont été étudiés dans une certaine mesure et nous les prendrons pour exemples. Les femelles ont perdu la capacité de voler ; elles sont pratiquement aptères. Peu après l'éclosion, la femelle quitte l'abri tubulaire dans lequel elle a passé sa vie de chenille et de chrysalide. Mais elle ne quitte pas le seuil de sa demeure, car elle reste suspendue sous son abri. Les mâles, eux, peuvent voler. Peu après l'éclosion, ils quittent leur abri et s'envolent pour chercher une femelle. En cela, ils sont guidés par une odeur émise par les femelles vierges. Cette attraction par l'odeur des femelles est très marquée chez de nombreux autres papillons de nuit, par exemple la Saturnie (fig. 19) et le Lasiocampe ou Bombyx feuille morte. Dans ce genre d'espèces, le mâle est souvent capable de trouver une femelle à une distance considérable, et ses organes d'odorat, qui se trouvent sur les antennes en forme de plume, sont extrêmement sensibles. Il est très facile de recueillir des chenilles de ces espèces, de les faire muer et éclore, et de voir les mâles en liberté arriver et entrer chez vous en quête de femelles vierges.

FIG. 19. — *Saturnia pyri.* Les organes de l'odorat, sur les antennes, sont plus développés chez le mâle.

L'attraction visuelle joue un rôle chez plusieurs espèces. Elle est bien développée chez l'Épinoche ; le mâle de l'Épinoche commune prend ses couleurs nuptiales les plus brillantes quand le nid est fini. Le rouge de son ventre devient plus vif, et l'ombre noire qui couvrait son dos jusqu'à la nidification devient un blanc bleuté fluorescent. En même temps, son comportement change. Alors que, pendant la nidification, il se déplaçait en douceur, en évitant les mouvements brusques, il ne cesse désormais de parcourir son territoire avec des secousses brusques, qui, jointes à sa livrée voyante, le rendent visible de loin.

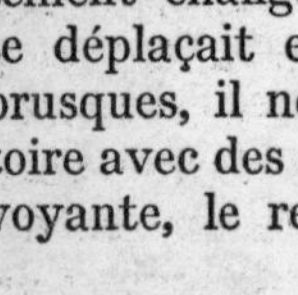

FIG. 20. — Vanneau volant.

Bien des oiseaux ajoutent la parade visuelle à leurs procédés d'attraction auditive. Cela se remarque tout particulièrement chez les oiseaux des vastes plaines. Les échassiers de la toundra arctique et beaucoup d'oiseaux de nos marais y sont spécialisés (fig. 20). Là aussi, nous trouvons souvent à la fois des couleurs voyantes et des mouvements propres à attirer l'attention ;

le Vanneau, la Barge à queue noire, le Tinger et autres échassiers en sont de bons exemples. D'autres espèces se sont spécialisées dans le mouvement et ne présentent pas de couleurs ; ce sont les chanteurs les plus vulnérables : Pipi des prés (Farlouse), Alouette. Il y a aussi eu une spécialisation dans la couleur : le Chevalier (*Philomachus pugnax*) n'a pas de vol spécial accompagné de chant, mais se fie à sa splendide livrée. Il a cependant inventé un autre mouvement-signal : de temps en temps, les mâles en rut soulèvent leurs ailes, dont la face inférieure, étant claire, les rend très visibles. Ils le font, en particulier, pour réagir à des femelles qui volent à distance, et cela semble attirer ces femelles. Ce genre d'oiseaux appliquent encore un autre principe, que l'on a appelé « principe du parterre de fleurs » : en s'assemblant en grand nombre, leurs effets de coloration se cumulent ; ils constituent alors une large tache claire qui rappelle une peu une plate-bande.

L'expérience n'est venue prouver l'attraction que dans un petit nombre de ces cas. On a établi que c'était le rouge de l'Épinoche mâle qui attirait la femelle ; les mâles artificiels qui ne sont pas peints en rouge ne les attirent pas. L'action du son a été démontrée de façon convaincante à propos de diverses sauterelles ; la fig. 21 illustre une expérience de ce genre. On a enfermé des mâles d'Ephippiger, en train de chanter, dans une cage que l'on a cachée dans la bruyère ; dans une autre cage, il y avait le même nombre de mâles, réduits au silence par engluement des organes stridulatoires. Cela ne gêne guère cette variété aptère, qui reste libre de poursuivre toutes ses autres activités. A une dizaine de mètres de là, on lâche des femelles en « chaleur ». Invariablement, elles se dirigent aussitôt vers la cage qui contient les mâles capables de chanter [20].

Ce genre d'expériences justifie les conclusions auxquelles nous avons abouti au sujet du pouvoir attirant des divers types de manège sexuel. Il faudrait cependant poursuivre le travail expérimental.

Quand il y a eu attraction, la fonction d'orientation de la cour n'est pas entièrement remplie. Dans le coït effectif, il faut que le mâle mette son appareil copulatoire en contact avec celui de la femelle, et cela aussi demande une orientation. C'est particulièrement évident chez de nombreux insectes, dont les mâles possèdent un système compliqué d'attaches qui doivent venir

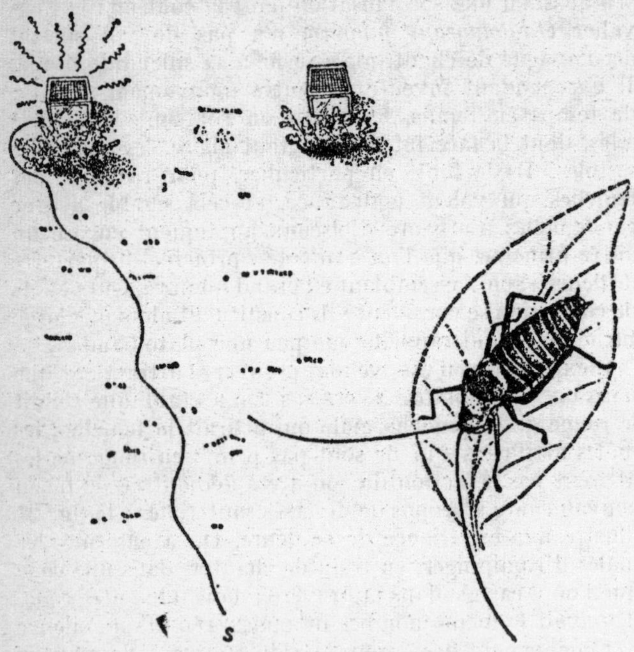

Fig. 21. — Expérience montrant l'action du chant sur la sauterelle *Ephippiger* (*d'après Duym et Van Oyen, 1948*).

se fixer dans les organes correspondants de la femelle, lesquels en sont des contreparties « en creux » d'une fidélité parfaite. Mais même chez les animaux moins « mécanisés », comme les oiseaux, ce problème existe aussi : le mâle ne peut mettre son cloaque en contact avec celui de la femelle sans réagir d'abord à des stimuli d'orientation émis par la femelle. Nous savons toutefois très peu de choses sur ces mécanismes de comportement.

L'hybridation (interfécondation) est extrêmement rare dans la nature. Ce caractère exceptionnel n'est dû qu'en partie au fait que chaque espèce a son habitat de prédilection. La géographie suffit à éviter de tels croisements aux espèces apparentées qui pratiquent leur vie sexuelle dans des régions entièrement différentes et à celles qui, bien que vivant, d'une façon générale, dans la même région, vont s'accoupler dans des habitats différents. Mais même quand cette séparation géographique n'existe pas, les espèces s'abstiennent généralement de vie sexuelle entre elles. Cela vient du fait que les nombreux signaux servant à attirer, persuader, apaiser et synchroniser diffèrent considérablement d'une espèce à l'autre. En outre, la tendance à réagir à ces signaux est spécifique : chaque animal a en lui la tendance à la fois à émettre les signaux de son espèce et à réagir uniquement à ceux de l'autre sexe dans son espèce. On constate pourtant souvent, dans la nature, des réactions sexuelles à des espèces différentes. Les mâles du Satyre Sémélé, que j'ai étudiés plusieurs saisons de suite, commencent leur cour en poursuivant les femelles en vol. Or les femelles ne sont pas seules à déclencher cette poursuite sexuelle ; tout les attire : papillons d'autres espèces, coléoptères, mouches, petits oiseaux, feuilles mortes, même leur propre ombre sur le sol. Comment se fait-il qu'ils ne s'accouplent jamais avec ces autres espèces ? On peut faire sur les oiseaux, les poissons et beaucoup d'autres animaux, des observations semblables, qui invitent aux mêmes conclusions.

La réponse semble être fournie par le fait que les activités tendant à la formation d'un couple se déroulent en chaîne. Quand une femelle de Satyre Sémélé est prête pour le coït, elle réagit d'une façon spéciale à la poursuite sexuelle du mâle : elle se pose. Généralement, les autres espèces font le contraire : si un mâle les poursuit, elles volent aussi vite qu'elles peuvent, et le mâle renonce. Seules des espèces très voisines réagissent occasionnellement, mais on n'a jamais constaté que cela aboutissait à l'acte. L'Épinoche a un comportement très semblable. Il peut arriver que le mâle réagisse par la danse en zig-zag à une petite Tanche qui pénètre sur son territoire. Mais pour qu'il poursuive son comportement sexuel, il faudrait qu'elle nage vers lui ; et même si une Tanche le fait par inadvertance, il faudrait qu'elle le suive vers le nid, y entre, et y ponde, pour que l'Épinoche puisse aller jusqu'à l'éjaculation. En d'autres termes, la femelle doit exécuter la série correcte de réactions à la série complète des activités de cour du mâle, y compris le tremblement final. La chose est tellement improbable qu'elle n'a jamais été observée. Les stimuli-signes de chaque réaction séparée de cette chaîne peuvent ne pas suffire à empêcher l'animal de réagir à d'autres espèces, mais, comme chaque réaction est provoquée par un stimulus différent, l'ensemble est assez caractéristique pour empêcher une hybridation. La chose est évidente chez les espèces à cour mutuelle, car les deux sexes se livrent alors à toute une série d'activités de cour. Mais même dans une espèce comme le Satyre Sémélé, où la femelle se contente d'attendre pendant que le mâle se livre au manège amoureux, elle fournit une série de stimuli : l'analyse expérimentale a montré que les diverses activités du mâle, telles qu'elles sont décrites au chapitre 1, sont provoquées par des stimuli qui diffèrent d'une réaction à l'autre.

Cette spécificité est particulièrement nécessaire aux espèces très voisines. Comme nous le verrons plus loin, les types de comportement d'espèces très voisines sont toujours assez semblables, tout comme leurs caractères morphologiques correspondent. Ces espèces n'ont tout simplement pas eu le temps d'évoluer suffisamment, après leur séparation, pour que les différences soient appréciables. Mais, dans ces espèces, il y a toujours des différences frappantes entre les schémas de comportement sexuel, du moins si une séparation dans l'espace (par la géographie ou l'écologie) ou dans le temps (saisons des amours différentes) ne rend pas cela inutile. Par exemple, le comportement sexuel de l'Épinochette (Épinoche d'eau douce plus petite, à dix épines ou aiguillons, *Pungitius pungitius*) est assez comparable à celui de l'Épinoche commune [83]. Cet animal doit toutefois à son évolution particulière des couleurs nuptiales tout à fait différentes, chez le mâle. L'Épinochette mâle, en effet, est, au printemps, d'un noir profond (fig. 22) ; de même que le rouge attire les femelles de l'espèce à trois aiguillons, de même, le noir séduit les femelles de l'espèce à dix aiguillons. Joint à quelques divergences secondaires dans le comportement, cela suffit à rendre l'hybridation très rare.

FIG. 22. — Mâle d'Épinochette montrant l'entrée du nid à sa femelle (*d'après Sevenster, 1949*).

Une étude systématique de ce problème de l'isolement sexuel des espèces n'a été entreprise que sur un groupe : les Drosophiles (mouches à fruits) [84]. Ses premiers résultats indiquent que les tentatives de coït entre espèces différentes sont interrompues à divers stades de la cour, stades qui dépendent des espèces impliquées. Toutes les fois qu'une telle interruption de cour se révèle persistante dans une série d'observations, cela signifie que nous sommes en face d'une réaction qui ne peut pas être provoquée par le partenaire. Les résultats obtenus jusqu'ici montrent que, dans certains cas, le mâle n'a pas fourni le stimulus correct, tandis que, d'autres fois, le « faute » est à la femelle.

CONCLUSION

Cet exposé très bref et schématique aura suffi à montrer la complexité des types de comportement qui ont pour fin la coopération entre les membres d'un couple. On a établi que nous devons distinguer quatre types différents de fonctions remplies par la cour. Cela ne veut pas dire que chaque élément du manège amoureux ne poursuive que l'une de ces fins. La danse en zigzag de l'Épinoche mâle, par exemple, est assurément utile à la synchronisation, à la persuasion, à l'orientation et à l'endogamie, mais la différence entre les couleurs nuptiales de l'Épinoche et de l'Épinochette ne peut se comprendre que par le besoin d'isoler génétiquement les deux espèces. Nous connaissons aussi des manèges amoureux qui sont liés à la synchronisation et à la persuasion, mais non à l'orientation : les femelles de Satyre Sémélé, par exemple, peuvent être mises en synchronisation et persuadées par la cour d'un certain mâle, puis en accepter un autre, ce qui montre que le premier n'avait pas orienté vers lui-même les réactions de la femelle. De même, chez les pigeons, le roucoulement et la révérence continuels du mâle n'orientent guère la femelle, mais déclenchent l'ovulation. On a constaté que les diverses variétés, extrêmement proches, du « Pinson de Darwin », dans l'Archipel des Galapagos, avaient des manèges amoureux presque identiques [48]. Pourtant, elles ne se croisent pas. L'isolement des espèces y est réalisé en partie par l'écologie, et en partie par le fait que chaque espèce réagit à sa façon au type de bec qui lui est propre (comme l'alimentation, il diffère d'une espèce à l'autre). Dans ce cas la cour n'a donc rien à voir avec l'isolement génétique, mais sert toutes les autres fonctions.

Dans tous ces cas, les activités de cour, si différentes qu'elles puissent être dans le détail, ont une chose en commun : elles émettent des signaux auxquels le partenaire répond. Dans un autre chapitre, nous parlerons plus en détails de la nature et de la fonction de ces signaux. On verra alors que beaucoup de nos conclusions et de nos généralisations ne sont encore que des hypothèses, les résultats de l'expérience étant fragmentaires. Il sera nécessaire de poursuivre les expériences faisant intervenir des animaux artificiels.

3 LA VIE DE GROUPE ET DE FAMILLE

INTRODUCTION

Alors qu'au chapitre 2, nous traitions des relations entre deux animaux coopérant pour arriver à une fin, la coopération familiale se révélera plus complexe, car ici, aux relations entre mâle et femelle, s'ajoutent des relations entre parents et rejetons. Les premiers doivent fournir aux seconds un gîte et de la nourriture, mais aussi les défendre contre les prédateurs. Dans toutes ces fonctions, les activités doivent être synchronisées et orientées. Il faut inhiber certaines tendances qui sinon s'y opposeraient : chez de nombreuses espèces, par exemple, ce sont les petits qui fournissent les stimuli qui provoquent normalement chez les parents la manducation. Chez d'autres, les parents fournissent les stimuli nécessaires pour provoquer chez les petits le réflexe de fuite. En outre, il convient d'isoler l'espèce génétiquement, mais aussi du point de vue des réactions filiales et parentales ; ce genre de réactions envers des représentants d'une autre espèce constituerait en effet une efficacité moindre, et le manque d'efficacité est synonyme de défaite dans la lutte pour la vie. En outre, nous trouvons là un élément nouveau, ou du moins très secondaire, dans les relations entre membres du couple : la défense de la couvée contre les prédateurs. C'est l'un des moyens de compenser la faiblesse des petits.

Toutefois, ni la suppression d'autres instincts, ni la

nécessité d'éviter toute coopération entre espèces ne vont à l'encontre de tendances aussi puissantes que dans le comportement sexuel, et c'est probablement pourquoi la coopération familiale ne dépend pas de cérémonies aussi complexes que celles du manège amoureux. Comme toute « cérémonie », tout usage de signaux rend celui qui s'y livre voyant, donc vulnérable, il faut que ces rites ne soient accomplis que lorsque les avantages dépassent les inconvénients. En d'autres termes, ils n'ont pas été institués au-delà du strict nécessaire. Cela peut sembler étrange, étant donné l'abondance de signaux pratiqués par les diverses espèces, mais on cesse de s'en étonner lorsque l'on sait à quel point ces signaux sont indispensables. Nous avons tendance à considérer la coopération sociale, par exemple l'élevage des petits oiseaux par leurs parents, comme quelque chose de tout naturel. C'est simplement parce que nous sommes habitués à le constater. Loin de nous étonner quand des parents anormaux abandonnent leur couvée, nous devrions nous étonner que la plupart des parents ne le fassent pas, et trouvent le moyen d'accomplir cette tâche aussi difficile et compliquée.

Nous examinerons tout d'abord l'organisation de la famille, puis celle du groupe, et dans les deux cas, nous aurons à étudier la nature des relations qui constituent cette organisation.

LA VIE DE FAMILLE

Quand un Goéland argenté qui n'a pas encore de couvée trouve un œuf sur son territoire, il ne le couve pas, même si cet œuf se trouve en plein dans son nid. Non pas qu'il remarque que cet œuf n'est pas de lui, car, normalement, il ne fait pas le départ entre ses propres œufs et ceux de son voisin. C'est parce que l'oiseau n'est pas encore « en humeur de couver »; autrement dit, certains facteurs internes, sans lesquels la réaction d'incubation n'intervient pas, n'existent pas encore. Hors de la saison de l'incubation, un œuf n'est, pour le Goéland, que quelque chose de comestible. Peu avant la ponte, le mâle et sa compagne subissent tous deux des changements internes qui rendent leur système nerveux capable de réagir, par l'incubation, au stimulus que constitue la présence d'œufs dans le nid. Chez le Pigeon, les oiseaux domestiques, et probablement aussi les Mouettes, le principal agent interne responsable de ce changement est une hormone sécrétée par la glande pituitaire, la prolactine [73]. Ce n'est toutefois pas le seul agent responsable de la synchronisation de l'incubation, car l'incubation sur un nid vide, si on a pu la constater, n'est pas la règle, et n'est jamais de longue durée. Il s'ensuit que la présence des œufs eux-mêmes est nécessaire ; ils fournissent des stimuli visuels et tactiles qui, chez un animal disposé à couver, provoquent l'incubation. Là aussi, nous avons donc une synchronisation par phases : une synchronisation grossière par l'état endocrinien, et une synchronisation plus précise par des stimuli provoquant une réaction immédiate.

Quand les poussins éclosent, le comportement des parents change encore. On voit apparaître des types de comportement nouveaux (nourrir les poussins, les guider, etc.). Là encore, ces types sont différents d'une espèce à l'autre, et il serait intéressant d'énumérer tous les types de comportement parental constatés dans la nature ; malheureusement, les dimensions de ce livre ne le permettent pas. J'insisterai simplement sur la nécessité (nos connaissances étant encore très incomplètes) de publier d'autres études, même s'il devait s'agir de simples descriptions.

Le passage du soin des œufs au soin des petits est, lui aussi, réglé par une synchronisation interne approximative, corrigée par une synchronisation plus précise, due à des stimuli extérieurs. Au début de la période d'incubation, par exemple, un oiseau n'accepte pas facilement un œuf vide ou un oisillon. Mais vers la fin, il accepte un tel œuf, ou un oisillon, même s'ils ont été présentés quelques jours plus tôt. Il faut donc qu'au cours de l'incubation, l'oiseau ait été préparé, de l'intérieur, à la phase suivante. Nous ignorons la nature de cette modification interne. Il est certain que la prolactine reste nécessaire, mais, comme la prolactine active également l'incubation, il faut qu'il y ait, en outre, quelque chose d'autre qui change.

Quant aux stimuli externes, ils sont fournis par les petits. Chez certains oiseaux, nous avons des raisons de croire que le stimulus est fourni par l'oisillon encore dans l'œuf [100]. Il est fort probable que les parents réagissent aux petits cris que l'on peut entendre avant l'éclosion.

Quand on donne à un mâle d'Épinoche des œufs étrangers, plus anciens, en échange des siens, il accepte les petits à leur naissance ; il les surveille, et évente brusquement beaucoup moins quand ses enfants adoptifs éclosent ; il ne cesse toutefois pas complètement d'éventer, et cette activité atteint un second maximum, moins marqué que la normale, à l'époque où ses propres œufs seraient éclos si on les lui avaient laissés (fig. 23).

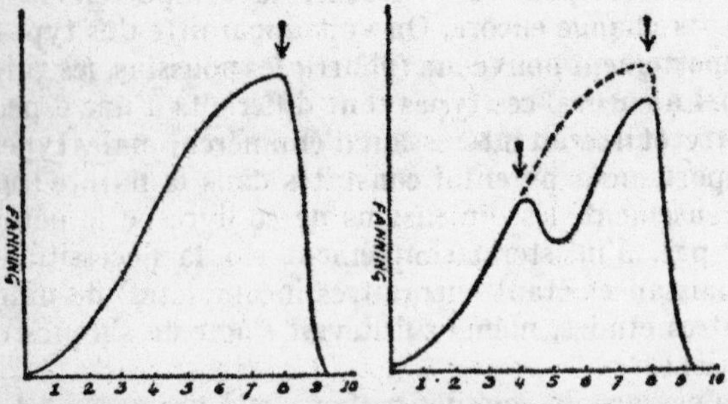

Fig. 23. — *A gauche* : temps passé par un mâle d'Épinoche commune à éventer ses œufs, sur dix jours à compter de la ponte. La flèche indique la date d'éclosion. *A droite* : graphique de la même activité quand les œufs sont remplacés, le 4e jour, par des œufs en train d'éclore. La 2e flèche indique un maximum « automatique » de l'intensité du courant d'eau produit ; automatique en ceci qu'il n'est pas provoqué par les œufs étrangers. (En ordonnée : les temps ; en abcisse : les dates.)

Comme il a perdu à ce moment-là le contact avec ses propres petits, il faut que ce second maximum ait été causé par des facteurs internes.

Une fois que les parents sont entrés dans la phase de soin des petits, il faut que les activités comme l'alimentation de ces derniers soient synchronisées par ceux-ci. Ce sont également les oiseaux qui ont été le mieux étudiés à cet égard. Chez de nombreux oiseaux chanteurs, il faut que les petits ouvrent le bec tout grand, pour permettre à leurs parents de les nourrir. S'ils ne l'ouvrent pas, l'adulte les regarde, puis tourne la tête en tous sens, comme pour exprimer son « désarroi », ou sa « perplexité ». Il arrive qu'il ait recours à un comportement social particulier, comme de les toucher ou de pousser de petits cris, et si cela n'agit pas non plus, il avale habituellement la nourriture. Souvent, la nature nous livre une expérience dont nous pouvons profiter. Les réactions des oiseaux chanteurs à un petit Coucou (*Cuculus canorus*), par exemple, sont très instructives. Quand un Coucou a pondu dans le nid d'un Rossignol de muraille (*Phoenicurus phoenicurus*), l'œuf du Coucou éclot généralement quelque temps avant ceux de ses parents adoptifs. Peu après l'éclosion, le petit Coucou se met à faire basculer hors du nid les autres œufs (fig. 24), ou, s'ils sont éclos entre temps, les petits eux-mêmes. Il prend ces derniers sur son dos et, rampant à reculons, les pousse jusqu'à ce qu'ils basculent par-dessus bord [31]. Les malheureux nouveau-nés meurent de froid et de faim. Il arrive qu'ils restent couchés sur le bord du nid ; dans ce cas, les parents n'ont pas l'idée de les sauver en les ramenant au fond, ou en les couvant et les nourrissant là où ils sont. Et, comme le jeune Coucou ouvre un bec immense, alors que les petits Rossignols de muraille ne le font pas, les parents ignorent purement et simplement leur progéniture ; c'est donc qu'ils ne reçoivent pas les stimuli nécessaires.

FIG. 24. — Petit Coucou éliminant un œuf de ses parents adoptifs (*d'après Heinroth et Heinroth, 1928*).

Chez plusieurs oiseaux de proie, on a observé que

l'ordre dans lequel les petits sont nourris dépend uniquement de leur demande [80]. Ceux qui demandent le plus énergiquement reçoivent à manger. De la sorte, chaque petit a généralement son tour, car l'intensité de la demande est fonction de la faim ; mais si l'un des petits est faible dès le départ, comme cela se voit souvent chez le Busard et divers Hiboux, il risque de recevoir trop peu à manger ; sa réaction de demande est donc de plus en plus faible, et il finit par mourir.

Non seulement les parents réagissent aux enfants, mais il faut que les enfants, pour synchroniser leur comportement de demande, réagissent aux parents. Comme tous les autres types de signaux, la demande est dangereuse, et une demande constante est un luxe que seules de rares espèces peuvent se permettre [96]. On la trouve chez certains oiseaux qui vivent dans des trous, comme les Pics. Même dans ces cas-là, cela peut toutefois entraîner leur destruction. Le Hibou Petit-Duc est connu pour piller les nids d'oiseaux vivant dans des trous, comme les Étourneaux, et j'ai vu moi-même un Autour tirant du nid, l'un après l'autre, des Pics Noirs trop bruyants. En fait, la demande se limite souvent au bref instant où l'un des parents est effectivement au nid, avec de la nourriture. Cela est possible car les petits réagissent à des stimuli fournis par les parents. Des Mésanges nouveau-nées, par exemple, se mettent à ouvrir le bec quand le nid est légèrement secoué par l'atterrissage de l'adulte. Plus tard, quand leurs yeux se sont ouverts, ils réagissent à des stimuli visuels. En outre, certaines couvées commencent, au bout d'une semaine environ, à réagir à la voix des parents. Un poussin de Goéland argenté est stimulé à demander par le « miaulement » de l'adulte ; il court alors vers lui et se met à lui piquer le bout du bec, où, après quelques échecs, il recueille la nourriture offerte et l'avale. Au bout de quelques jours, les poussins apprennent à distinguer leurs parents, et ne demandent qu'à eux. Les poussins des oiseaux domestiques sont plus indépendants et, dès le début, se nourrissent eux-mêmes ; ils courent cependant vers la mère, en réaction à ses cris et à ses mouvements, toutes les fois où elle a découvert quelque chose de comestible.

Comme ces quelques exemples l'auront montré, les fonctions de synchronisation et d'orientation sont généralement remplies par les mêmes stimuli. Les parents font savoir à leurs enfants non seulement : « maintenant, il y a à manger », mais aussi : « c'est là qu'il y a à manger ».

La persuasion, ou la suppression des réactions inappropriées, pose des problèmes nouveaux et très intéressants. Chez de nombreux poissons, par exemple, les petits sont si minuscules qu'ils risquent fort d'entrer dans la catégorie des animaux qui constituent la nourriture de leurs parents. La chose est vraie, entre autres, des diverses variétés d'Épinoche et des Ciclidés, deux groupes où le soin des petits joue un rôle important. Comment les parents font-ils pour ne pas manger leur progéniture ? Les Ciclidés à élevage buccal résolvent la question d'une façon relativement simple. Tant que le *Tilapia natalensis* femelle transporte ses petits dans sa bouche, il s'abstient tout simplement de manger ; cet instinct est totalement inhibé chez cette mère, et, avec lui, la tendance à manger les petits [5]. D'autres Ciclidés ont le même instinct que l'Épinoche mâle : ils vont chercher les indisciplinés et les ramènent parmi les autres [4]. Leur instinct de nutrition n'est pas inhibé, et ils mangent *Daphnia* et *Tubifex* sans s'interrompre dans la saison où ils sont parents. Lorenz rapporte [57] un incident aussi amusant qu'instructif, qui démontre que les parents savent faire le départ entre leur nourriture et leurs rejetons. Bien des Ciclidés ramènent les petits, le soir, dans une sorte de « dortoir », un trou qu'ils ont creusé dans la vase. Un jour, Lorenz et quelques-uns de ses étudiants regardaient un mâle en train de rameuter ainsi sa progéniture. Alors qu'il venait d'en prendre un dans sa bouche, il aperçut un petit ver particulièrement tentant. Il s'arrêta, regarda le ver pendant plusieurs secondes et sembla hésiter. Puis, après avoir ainsi « mûrement réfléchi », il recracha son enfant, cueillit le ver et l'avala, puis reprit son petit et le mena au bercail. Les humains ne purent s'empêcher d'applaudir avec enthousiasme!

Chez de nombreux oiseaux, les jeunes qui commencent à avoir l'apparence de l'animal adulte se mettent à « ennuyer » leurs parents ; c'est-à-dire qu'ils commencent, simplement à cause de leur apparence, à stimuler l'agressivité de leurs parents. Pendant quelque temps, ils peuvent éviter d'être attaqués, en adoptant un comportement infantile, sur le compte duquel les parents ne peuvent se tromper. J'ai observé cela chez le Goéland argenté et constaté que les jeunes prenaient une attitude de soumission qui est, en un certain sens, le contraire de l'attitude de menace du Goéland adulte : ils rentrent le cou, présentent un dos horizontal, et

Fig. 25. — Femelle de Goéland argenté (*à gauche*) faisant des propositions à un mâle.

pointent le bec légèrement vers le haut. Ce n'est certainement pas par hasard que cette posture est la même que celle adoptée par la femelle quand elle s'approche d'un mâle pour « s'offrir » à lui (fig. 25). Mais, à mesure que la saison avance, cette attitude des jeunes devient de moins en moins efficace, car l'instinct parental s'efface chez les adultes. Comme à l'accoutumée, ces relations s'équilibrent de telle façon que, lorsque les parents cessent de s'intéresser aux jeunes, ceux-ci soient capables de pourvoir eux-mêmes à leurs besoins.

Les Ciclidés ont créé un autre système pour empêcher les parents de manger leur progéniture. Ils mangent les petits d'autres espèces. Une curieuse méthode d'enseignement leur permet d'apprendre à distinguer leurs propres petits de ceux des autres espèces. Noble a montré la chose par une expérience très simple [69] : il remplace les œufs d'un couple inexpérimenté, en train d'élever des petits pour la première fois de sa vie, par les œufs d'une autre espèce. Quand les œufs éclosent, le couple accepte les petits et les élève. Et toutes les fois qu'ils rencontrent des petits de leur propre espèce, ils les mangent. Ce couple était définitivement perverti, car lorsque, la fois suivante, on lui permit de garder ses propres œufs, il dévora les petits lors de l'éclosion! Il avait appris à considérer comme sa progéniture un autre type de petits.

Parallèlement, les petits doivent, d'une façon ou d'une autre, être protégés contre l'instinct qui les pousserait à réagir à leurs parents comme à des prédateurs. Les petits poissons de nombreuses espèces savent échapper à des poissons de la taille de leurs parents. Bien entendu, cela rendrait les soins parentaux impossibles, s'il n'y avait un moyen de les empêcher d'échapper à leurs parents. Chez l'Épinoche, j'ai l'impression que le mâle a, par rapport à ses petits, une supériorité de vitesse juste suffisante pour les rattraper quand ils tentent de s'enfuir. Il est très amusant de voir le mâle s'efforcer d'attraper ses rejetons, tandis qu'ils font de leur mieux pour se sauver. Comme je l'ai dit au chapitre 1, quand les petits vont à la surface pour remplir leurs vessies natatoires, ils atteignent une vitesse stupéfiante, spécialement réservée à cette opération. Ils sont alors réellement supérieurs à leur père, et ni à l'aller ni au retour, ne lui laissent la moindre chance de les attraper, bien qu'il s'y essaie toujours. Les Ciclidés ont une entière confiance en leurs parents ; j'ignore comment cela est possible.

Lorenz a découvert comment le Butor (*Nycticorax nycticorax*) s'arrange pour « convaincre » ses petits de ses bonnes intentions [55]. Quand un Butor vient au nid, il fait une belle révérence à ses occupants, que ce soit son compagnon ou ses petits. Ce faisant, il présente son capuchon d'un noir bleuté et soulève les trois minces plumes blanches qui sont repliées ensemble quand l'animal est au repos (fig. 26). Après cette introduction, il descend dans le nid et est aimablement reçu. Un jour,

Fig 26. — Butor au repos (*en haut*) et accomplissant la « cérémonie d'apaisement » (*en bas*).

comme Lorenz avait grimpé dans nn arbre et se trouvait debout sur une branche à côté d'un nid, l'un des parents revint. Comme l'oiseau était apprivoisé, il ne s'envola pas, mais, au lieu de la cérémonie d'apaisement, adopta une position de menace. Les petits, qui n'avaient pas peur de Lorenz, attaquèrent aussitôt leur père. C'est ainsi qu'il soupçonna (il devait le confirmer par la suite) que si les oisillons « reconnaissent » leurs parents, c'est parce qu'ils sont les seuls Butors (et en fait les seuls oiseaux) qui pratiquent la cérémonie d'apaisement, annulant ainsi leur réaction de défense.

On sait peu de choses sur ce problème de l'annulation de réactions inappropriées, mais ces quelques exemples auront montré combien il est intéressant. Il n'est pas difficile de faire quelques expériences à ce sujet, même en plein air ; elles permettent de comprendre plusieurs types de comportement, inintelligibles autrement. Chez le Ciclidé *Hemichromis bimaculatus*, par exemple, dont les parents surveillent les petits à tour de rôle, celui qui vient d'être relayé par son compa-

Fig. 27. — *Hemichromis bimaculatus :* l'adulte relayé s'écarte en ligne droite, afin d'empêcher la réaction normale des petits, qui consisterait à le suivre (*d'après Baerends et Baerends, 1948*).

gnon s'écarte par une nage rapide en ligne droite (fig. 27) ; Baerends et Baerends [5] ont montré que cela empêchait les petits de s'éloigner avec lui.

Il est intéressant de constater à quel point, à leur niveau d'êtres raisonnables, les humains ont inventé des cérémonies semblables. La « salutation », quelle que puisse être son fondement psychologique, a souvent pour fonction d'apaiser, de supprimer l'agressivité et autres réactions de ce genre et d'ouvrir ainsi la voie à des contacts plus poussés.

La fonction d'isolement est probablement beaucoup moins importante dans le domaine des relations entre parents et enfants que dans celui des relations sexuelles. Bien entendu, il faut que les parents soient empêchés d'étendre leurs soins aux petits d'autres espèces, car ce serait aux dépens de leur propre progéniture. En général, le comportement parental est conditionné par le lieu où se trouvent les petits. Dans les espèces où les jeunes accompagnent les parents, comme les Gallinacés, les fonctions isolantes semblent avoir plus d'importance ; il est probable que c'est à cela que servent les différences dans les formes de tête des poussins de ce groupe. Chez de nombreuses espèces, il se peut que la voix contribue aussi à diriger l'attention des parents sur les petits de leur propre espèce.

Le besoin de défendre la couvée sans défense introduit une catégorie nouvelle de comportement social. Dans bien des espèces, on camoufle les petits. Mais le camouflage n'a d'effet que s'il s'y ajoute le silence. Or, chercher à manger et demander à manger exige, au contraire, de l'animation. En conséquence, de nombreuses espèces ont un comportement spécial par lequel les parents peuvent stimuler les petits à se tapir. C'est ainsi que le cri d'alarme des Merles adultes (*Turdus merula*) fait cesser les demandes des oisillons et les amène à se tenir cois au fond du nid. Cette réaction est profondément enracinée chez les petits ; j'en fis la désagréable expérience une fois où je tentais de réaliser certaines expériences sur les stimuli provoquant la demande chez les oisillons [107]. Dès que les parents poussèrent le cri d'alarme en réaction à notre présence auprès du nid, les petits devinrent indifférents aux mets les plus fins que nous leur offrions. Cette réaction est encore plus marquée chez les espèces dont les petits ne sont pas liés au nid ; en général, ce genre de poussins ont des couleurs qui leur permettent de passer inaperçus. Les très jeunes Goélands argentés se contentent de s'aplatir dans le nid quand ils entendent le cri d'alarme. Quand ils grandissent, ils apprennent à repérer certaines cachettes dans la végétation qui entoure le nid, et chacun d'eux court à son abri et s'y aplatit quand les parents poussent le cri d'alarme. D'autres espèces comptent moins sur le camouflage et se spécialisent dans la défense par les parents. Les jeunes de ces espèces cherchent un abri auprès de ces derniers, plus exactement du côté de l'adulte qui est opposé à la direction du prédateur (on dit : « à l'ombre du danger »). On le constate chez de nombreux Canards et Oies, ainsi que chez certaines Poules. Les Ciclidés ont inventé le même type de réaction, indépendamment des espèces précitées, bien sûr.

Le cas du Goéland argenté est une bonne illustration du besoin de distinguer deux fonctions dans le cri d'alarme : une fonction de synchronisation et une fonction d'orientation. Le cri d'alarme des parents fixe le temps de la réaction ; il provoque chez les petits le désir de se cacher. Mais l'adulte ne peut leur dire où est le prédateur, ni où se cacher. Cela m'apparut avec évidence un jour où je photographiais depuis un couvert une colonie de Goélands argentés. Mon affût était resté au même endroit pendant tant de jours qu'il avait été accepté par toutes les mouettes, jeunes et vieilles, comme un élément du paysage. Les parents en utilisaient le toit comme tour de guet, et les petits s'y abritaient en cas de danger. Un jour, je fis un mouvement involontaire alors que j'étais assis dans l'affût, et l'un des adultes me vit. Il poussa aussitôt le cri d'alarme et s'éloigna de l'affût. Mis en éveil par ce cri, les jeunes coururent chercher un abri. Mon affût étant leur abri personnel, ils se précipitèrent tous dans l'antre du lion et se blottirent à mes pieds.

En plus des relations entre parents et enfants, il y a des relations entre mâle et femelle, qui leur permettent de se partager le travail. Par exemple, chez le Vanneau (*Vanellus vanellus*), la femelle couve pendant que le mâle monte la garde. Sa tâche est d'attaquer les prédateurs, et de prévenir sa compagne quand l'un de ceux-ci approche. A son cri d'alarme, elle quitte les œufs en hâte, se fiant, pour leur protection, à leurs couleurs cryptiques. Quand elle a couru de 40 à 50 m, elle s'envole, et souvent, se joint au mâle pour attaquer le prédateur. Dans d'autres espèces, les deux parents couvent. Là aussi, il y a un problème de synchronisation. De nombreuses espèces ne laissent jamais les œufs sans surveillance. Comment ces espèces empêchent-elles l'oiseau qui couve d'abandonner les œufs avant l'arrivée de son compagnon ? Il existe, pour cela, une cérémonie de relais, que celui qui couve doit attendre, et sans laquelle il lui est difficile de s'en aller. Lorsque, dans un couple de Goélands argentés, l'oiseau qui ne couve pas a mangé pendant quelques heures, il sent monter le besoin de couver, et il vole vers son territoire. Là, il ramasse un peu de matériau et se dirige, en marchant, vers le nid. Souvent, il pousse le même « miaulement » qui est utilisé avant de nourrir les petits. C'est son approche, avec ce cri et ce comportement, qui stimule l'autre à se lever. Si toutefois le besoin de couver est encore trop fort chez ce dernier, il se peut qu'il ne réagisse pas, même à la cérémonie la plus insistante de la part de son compagnon, et qu'il s'obstine à rester sur les œufs. Si celui qui attend n'arrive pas à le persuader de s'en aller, il peut arriver qu'il essaye de le chasser par la force, et que nous assistions à une lutte courtoise, mais ferme. Certaines espèces savent même faire face à la situation contraire. Quand un couple de Pluviers à collier est dérangé au nid, il arrive parfois que, même après le départ du prédateur, les oiseaux aient de la répugnance à retourner au nid. Dans les cas de ce genre, on peut voir le mâle obliger la femelle à s'y rendre [49].

Une situation plus complexe encore intervient quand deux couvées successives se « téléscopent », c'est-à-dire quand il y a de nouveaux œufs à couver avant que la couvée précédente soit indépendante. Cela se produit régulièrement chez l'Engoulevent, et souvent chez le Pluvier à collier. Chez l'Engoulevent, les parents se partagent le travail de façon systématique : le mâle reste avec les petits et la femelle couve les derniers œufs [44]. Chez le Pluvier à collier, les deux parents se relaient dans l'une et l'autre activités (fig. 28) ; ils changent au bout de quelques heures [49]. Ce phénomène est aussi synchronisé par un type particulier de comportement, grâce auquel l'un des oiseaux signale à l'autre qu'il est temps de changer.

Fig. 28. — Pluvier à collier et ses poussins.

Les cris d'alarme par lesquels les parents s'avertissent l'un l'autre sont les mêmes que ceux qui agissent sur les petits. Mais l'autre adulte ne réagit pas comme ces derniers. Dans certaines espèces, la femelle s'aplatit sur le nid. Telle est la règle parmi celles qui élèvent à ciel ouvert et dont les femelles ont des couleurs cryptiques, comme de nombreux Canards, Engoulevents, Courlis et Faisans. D'autres se comportent comme le Goéland argenté et abandonnent les œufs ou les petits pour attaquer le prédateur. L'attaque peut être menée par le seul couple intéressé, ou être véritablement « sociale ». Les membres d'une colonie de Choucas, par exemple, attaquent souvent en force. Non content de réagir au cri d'alarme de tous les autres, chaque oiseau les aide à attaquer, même si le prédateur ne menace pas particulièrement sa couvée personnelle. J'ai pu constater que les Sternes communes (Hirondelles de mer) attaquaient individuellement les humains envahissant leur territoire, mais collectivement une Hermine d'été.

Chez de nombreux oiseaux, il est indispensable que les deux membres du couple connaissent la situation du nid, et il existe beaucoup de types de comportement destinés à indiquer au compagnon l'endroit où se trouve le nid. Quand le mâle et la femelle choisissent ensemble l'emplacement de leur futur nid, il existe des cérémonies par lesquelles les deux oiseaux se rejoignent à cet emplacement. Par exemple, les Goélands argentés s'asseyent à l'endroit choisi, et se relaient pour rester au nid et creuser avec les pattes le trou de leur nid. Chez de nombreux oiseaux habitant dans des trous, le mâle qui arrive sur le territoire avant la femelle choisit le trou, et attire sur celui-ci l'attention de la femelle en recourant à une démonstration spéciale. Le mâle du Rossignol de muraille, par exemple, a plusieurs façons de se faire remarquer à l'entrée du nid (fig. 29) ;

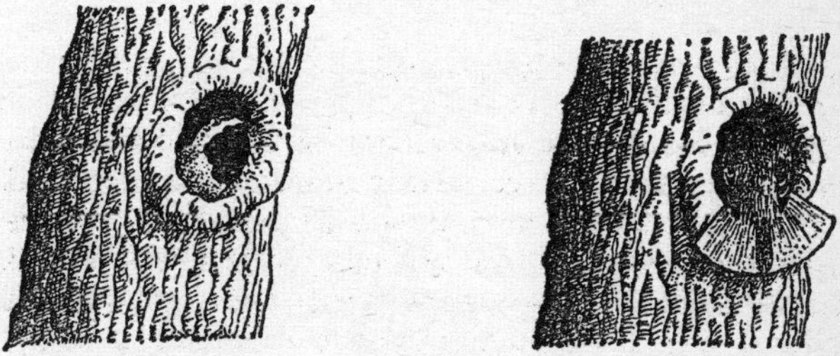

(a) (b)

Fig. 29. — Deux façons dont un mâle de Rossignol de muraille signale son nid à la femelle. (*a*) il montre sa tête, qui est parée de couleurs vives ; (*b*) il étale sa queue rouge (*d'après Buxton, 1950, avec des modifications*).

pour cela, il tire parti des couleurs vives de sa tête et du rouge de sa queue [11]. La Crécerelle mâle plane vers le nid d'une façon cérémonieuse, en s'arrangeant pour être vu de la femelle [90].

Un cas particulier a été observé chez le Phalarope à nuque rouge (*Phalaropus lobatus*). Dans cette espèce, la femelle est celui des deux oiseaux qui a les couleurs les plus voyantes, tandis que le mâle a un plumage terne, donc cryptique. C'est la femelle qui choisit et défend le territoire, qui chante et attire le mâle. Le mâle seul couve et garde les petits. Comme la femelle l'est malgré tout assez pour pondre, il faut qu'elle soit capable de désigner le nid au mâle. Elle rappelle donc son chant juste avant de pondre. Le mâle ne peut pas résister davantage à ce chant qu'il ne le pouvait, à l'origine, quand il fut attiré par son arrivée, au point de la suivre immédiatement[93]. Elle se dirige alors vers le nid et pond un œuf en présence du mâle. C'est ce rite qui guide le mâle vers l'endroit où la femelle dépose ce dont il aura à s'occuper.

COMPORTEMENT DE GROUPE

Beaucoup d'animaux constituent des groupes plus larges que la famille. Ces groupes peuvent se composer soit de familles (par exemple : bandes de Cygnes ou d'Oies), soit d'individus n'ayant plus de liens familiaux. De ce comportement, les individus tirent divers avantages. Le plus évident est la défense contre les prédateurs. En cas de danger, les membres d'un groupe d'animaux supérieurs s'avertissent mutuellement : ainsi, l'ensemble du troupeau est aussi en sécurité que le plus vigilant de ses membres. En outre, de nombreux animaux attaquent en groupe. Ces activités se rencontrent surtout chez les animaux supérieurs, mais, plus bas dans l'échelle, nous trouvons de nombreuses autres fonctions de groupement. Allee et ses collaborateurs [1, 2, 114] ont vérifié expérimentalement un grand nombre de ces avantages sociaux. La Dorade, par exemple, mange davantage quand elle est en compagnie que seule. Elle grossit aussi plus rapidement ; or, cela ne résulte pas uniquement de ce surcroît de nourriture, mais aussi d'autres facteurs : cela se produit également quand chaque Dorade absorbe la même quantité de nourriture que celles qui vivent en groupe. Le ver plat de mer *Procerodes* résiste mieux aux variations de salure quand il vit en groupe que quand il est isolé. Les cafards réussissent mieux les tests d'orientation qu'on leur propose, quand ils vivent par groupes de deux ou trois que quand ils sont maintenus dans la solitude. Les avantages de la communauté pour les Daphnies consistent, selon Welty, en une meilleure résistance au prédateur : celui-ci est alors victime de « confusion » ; des Dorades ayant été mises en présence d'un troupeau très dense de Daphnies, elles étaient continuellement tentées de passer d'une Daphnie à l'autre avant d'avoir avalé la première. Leur profit global fut donc moindre que si elles s'étaient nourries sur un groupe de densité moyenne. De même, les chenilles de *Vanessa io* sont protégées, par le groupement, d'oiseaux chanteurs comme les Rossignols de muraille ; on a toujours vu ceux-ci laisser tranquilles des groupes de chenilles, alors qu'ils ne manquaient aucune de celles qui s'en écartaient [64].

Il est donc évident que la vie de groupe présente des avantages de toutes sortes pour les individus, et partant, pour l'espèce. Là encore, nous devons nous demander : comment le comportement contribue-t-il à ces résultats ?

Il faut tout d'abord que les individus se rassemblent et restent réunis. Cela peut s'opérer au moyen de signaux agissant sur plusieurs organes des sens chez ceux auxquels ils sont destinés. Chez les oiseaux, ces signaux sont généralement visuels, ou auditifs, ou les deux à la fois. On a démontré que les taches des ailes des Canards et des Oies, qui ont des couleurs brillantes et diffèrent d'une espèce à l'autre, remplissent la même fonction. Au Zoo de Berlin, où l'on garde ensemble des Anatidés provenant de diverses régions du monde, Heinroth a constaté que les Canards et les Oies (qui réagissent souvent à un oiseau en vol en s'envolant et en le rejoignant) ont particulièrement tendance à suivre ainsi un oiseau s'il possède une tache qui ressemble à la leur, et cela sans tenir compte des parentés entre espèces [30]. Les types de croupion, très apparents et spécifiques, de beaucoup d'oiseaux, en particulier des échassiers, jouent assurément le même rôle. Les petits cris de nombreux oiseaux chanteurs, comme les Fringillidés et les Pipis, servent à maintenir la cohésion du groupe ; chaque individu est attiré par le chant de son espèce, ce que l'on constate aisément en surveillant le comportement d'un oiseau qui s'est écarté de la bande.

De nombreux oiseaux réagissent les uns aux autres, surtout visuellement, bien que l'odorat joue un rôle chez certaines espèces. Les Goujons, par exemple, réagissent à l'odeur de leur espèce [118]. On peut même les dresser à faire le départ entre les odeurs émises par plusieurs individus [27], mais nous ignorons si ce genre de reconnaissance individuelle joue un rôle dans la nature.

Le comportement social des animaux supérieurs dépasse le simple groupement. Chez plusieurs espèces, ils coopèrent davantage. Comme nous l'avons vu au chapitre 1, les Épinoches réagissent à la vue d'une autre Épinoche en train de manger par une tendance à manger également. On a donné à cet effet les noms d' « induction sympathique » et « facilitation sociale » ; il a été observé chez de nombreuses espèces et concerne tous les instincts (et non la seule alimentation). Quand l'un des oiseaux d'une compagnie donne des signes d'alarme, les autres sont également alarmés. Le sommeil aussi est « contagieux ». Même la marche et le vol se synchronisent de la sorte. Quand certains membres de la bande exécutent des mouvements qui manifestent leur intention de s'en aller, il arrive que les autres les imitent. Un départ soudain entraîne toute la bande. L'avantage de tous ces types de facilitation sociale est évident : elle synchronise les activités des membres, et par là, les empêche de se disperser dans leurs activités.

L'essentiel de ces relations dépend de la tendance qu'a chaque individu à réagir aux mouvements des autres. Cette tendance est très marquée ; les animaux sociaux sont sensibles aux signes les plus infimes, aux mouvements d'intensité minima. Ces mouvements, comme la marche ou le saut hésitants, à leur début, sont appelés mouvements d'intention. Il est clair que bien des signaux sociaux sont tirés de ces mouvements d'intention. Certains signaux sociaux sont hautement spécialisés. Quand un Choucas prend son vol, il ne quitte pas des yeux les autres membres du groupe. S'ils ne s'envolent pas, ou bien il revient vers eux et renonce pour l'instant à sa tentative, ou bien il obtient qu'ils le suivent [54]. Pour cela, il redescend vers le ou les individus encore au sol et, planant bas au-dessus d'eux, bat rapidement de la queue.

Un autre type de coopération sociale est l'attaque commune. Là encore, la chose est surtout connue chez les oiseaux. Bien des espèces, comme le Choucas, la Sterne et divers oiseaux chanteurs, « lynchent » leurs prédateurs. Ils se réunissent dans les buissons, autour d'un Épervier posé, un Hibou ou un Chat aux aguets. Ce comportement s'observe fréquemment chez le Moineau franc. Ils peuvent aussi voler en un nuage dense au-dessus de l'Épervier en vol, en tentant de rester bien au-dessus de lui, et, de temps en temps, se laissent tomber sur lui (fig. 30).

Fig. 30. — Bergeronnettes attaquant en nombre un Épervier.

Ce comportement peut être provoqué chez tous les individus au même instant parce qu'ils voient le prédateur simultanément. Mais s'il n'est détecté que par l'un d'eux, celui-ci pousse le cri d'alarme, prévenant ainsi les autres. Ces cris sont un exemple caractéristique d'activité utile au groupe, bien que dangereuse pour l'individu.

Ces agressions sociales ont plusieurs fonctions. Si le prédateur n'a pas très faim, il arrive souvent qu'il s'enfuie dès le début de l'attaque. Mais quand un Épervier a réellement faim, c'est-à-dire quand il chasse intensément, ces manifestations ne le dérangent guère.

Cela occupe néanmoins une partie de son attention, ce qui l'empêche de détecter d'autres proies. Même le simple fait de se serrer les uns contre les autres sans attaquer (comme le font les Étourneaux ou les échassiers poursuivis par un Faucon pèlerin) assure leur survivance ; quand il se laisse tomber, ce rapace prend bien soin de choisir des oiseaux qui se trouvent à l'écart de la compagnie ; du fait de sa grande vitesse, il risquerait encore davantage de se blesser s'il tombait au beau milieu d'une compagnie dense.

Le signal d'alarme n'est pas toujours forcément d'ordre visuel ou auditif ; on sait que, chez bien des poissons sociaux, il est de nature chimique. Quand un Brochet ou une Perche cueillent un Goujon dans une bande, les autres Goujons s'éparpillent et ne reviennent pas dans les parages. Ils restent en alerte un temps appréciable et foncent à couvert au moindre signe de la présence du prédateur. C'est là une réaction olfactive à une substance émise par la peau du Goujon tué. Avec des Goujons apprivoisés, en aquarium, on peut provoquer cette réaction en mêlant à leur nourriture un morceau de peau de Goujon coupé récemment. Cette substance est spécifique, ainsi que les réactions qu'elle provoque : chaque espèce réagit uniquement à sa propre « substance provoquant la peur » [21].

4 L'AGRESSION

Quand un animal est acculé par un prédateur, il est fréquent qu'il se batte. Ce type de lutte, la défense contre un assaillant, ne nous concerne pas, car il ne fait habituellement pas intervenir des animaux de la même espèce. Il n'est pas non plus aussi courant que la lutte d'animaux contre leurs congénères. Le plus clair de l'agression à l'intérieur d'une même espèce est constitué par les batailles de la saison des amours : c'est une agression reproductrice. Certains conflits sont liés à la hiérarchie interne du groupe, et ne se limitent pas à la saison des amours.

L'AGRESSION REPRODUCTRICE

Chaque espèce a sa façon de se battre [21]. En premier lieu, toutes n'ont pas les mêmes armes. Les chiens se mordent, ainsi que les mouettes et divers poissons. C'est uniquement pour cela que le Saumon mâle a une mâchoire formidable. Les chevaux et beaucoup d'autres bêtes à sabots essayent de se donner des coups de pied (avec les pattes de devant). Les cerfs se mesurent en se poussant de leurs bois. Dans de nombreux parcs, on peut voir les poules d'eau se battre durant tout le printemps ; elles se dressent à demi et se donnent des coups avec leurs pattes à longs doigts. Beaucoup de poissons se battent en projetant contre l'adversaire un violent courant d'eau, en donnant de grands coups de queue sur le côté. Bien qu'ils ne se touchent pas, en fait, les

Fig. 31. — Cerfs se combattant.

mouvements ainsi provoqués constituent un stimulus puissant pour les organes latéraux de l'adversaire, qui sont extrêmement sensibles (fig. 32). Les Bouvières mâles voient au printemps leur tête se couvrir de verrues cornées ; elles tentent de se donner des coups de tête.

Seconde remarque : bien que le printemps soit rempli de ce genre de batailles, il est relativement rare que deux bêtes soient réellement engagées en un combat à mort, et se blessent l'une l'autre [103]. L'essentiel de ces luttes prend la forme du « bluff » ou de la menace. Les effets de la menace sont à peu près les mêmes que ceux d'une lutte réelle : elle tend à créer une distance entre les individus, parce qu'ils éprouvent de la répulsion l'un pour l'autre. Nous avons donné au chapitre 1 quelques exemples de manifestations de menace. Leurs variétés sont presque infinies. Les Grands Pipis se menacent en se faisant face, en tendant la tête vers le haut et en se balançant lentement de droite à gauche, ce qui déploie le dessin

Fig. 32. — Poissons se battant à coups de queue (*d'après Tinbergen, 1951*).

noir et blanc de leur tête [95]. Les Rouges-Gorges se menacent en étalant leur jabot, en le tournant vers l'adversaire, puis en se tournant lentement, alternativement vers la droite et vers la gauche (fig. 33).

FIG. 33. — Manifestation de menace du Rouge-Gorge d'Angleterre (*d'après Lack, 1943*).

Certains Ciclidés déploient les opercules de leurs ouïes en les soulevant tandis qu'ils font face à l'ennemi. Chez le *Cychlasoma meeki* et l'*Hemichromis bimaculatus*, ces opercules sont ornés de taches noires très marquées et bordées d'un anneau d'or ; l'attitude de menace les met admirablement en valeur (fig. 34).

Toutes les manifestations de menace ne sont pas d'ordre visuel. De nombreux mammifères déposent des marques olfactives aux endroits où ils rencontrent, ou s'attendent à rencontrer, des rivaux [29]. Les Chiens urinent dans cette intention ; les Hyènes, Martres, Chamois, diverses Antilopes et beaucoup d'autres espèces pos-

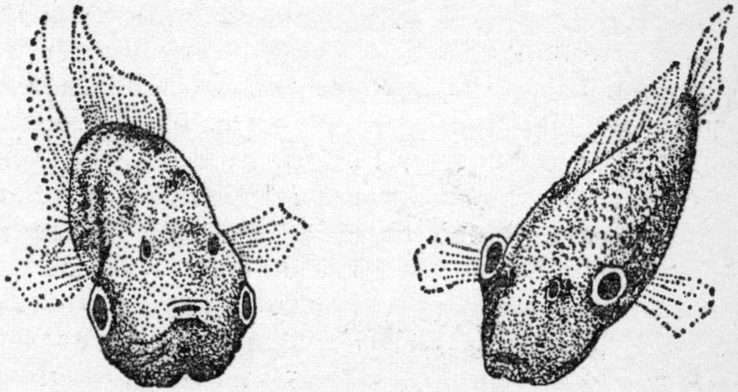

FIG. 34. — Menace frontale du *Cychlasoma meeki* (*à gauche*) et de l'*Hemichromis bimaculatus* (*d'après Tinbergen, 1951*).

sèdent des glandes spéciales, dont elles déposent les sécrétions sur le sol, des buissons, des souches, des rochers, etc. (fig. 35). L'Ours Brun frotte son dos à un arbre, tout en urinant.

Fig. 35. — Mâle d'*Antilope cervicapra* marquant un arbre avec la sécrétion de la glande odoriférante située à l'avant de l'œil (*d'après Hediger, 1949*).

Les sons peuvent aussi servir de menace. Tous les cris mentionnés au chapitre 2 sous l'appellation collective de « chant » ne servent pas uniquement à attirer les femelles : ils repoussent également les mâles.

FONCTIONS DE L'AGRESSION REPRODUCTRICE

L'agression reproductrice vise toujours une catégorie bien précise d'individus. Dans la plupart des espèces, ce sont les mâles qui se battent, et ils attaquent exclusivement (ou du moins principalement) les autres mâles de la même espèce. Parfois, les deux sexes sont combatifs ; dans ce cas, il y a souvent double bataille : un mâle attaque un autre mâle, et une femelle attaque une autre femelle. Chez les Phaléropes et quelques autres espèces d'oiseaux, ce sont les femelles qui se battent, et, de leur côté, elles attaquent presque uniquement d'autres femelles. Tout cela montre que l'adversaire est le rival éventuel sur le plan sexuel.

En outre, la lutte, et aussi la menace, tendent à empêcher que deux rivaux ne s'installent au même endroit ; leur hostilité réciproque fait qu'ils s'éloignent l'un de l'autre, donc se réservent chacun une partie de l'espace disponible. Un examen de ce qui est essentiel, dans cet espace réservé, nous aidera à comprendre le sens de la bataille.

En général, l'agression d'un individu donné se limite à un territoire précis [33], [95]. Cela peut être, comme chez le Daim et beaucoup d'autres animaux, la zone au centre de laquelle se trouvent la ou les femelles. Les mâles de Bouvière défendent contre d'autres mâles les environs d'une Moule d'eau douce (fig. 36) ; ils attirent une femelle vers cette Moule et l'incitent à pondre ses œufs dans sa coquille, qui présente une cavité ; c'est là que ces œufs se développeront, en menant une vie parasitaire. Les coléoptères charognards du genre *Necrophorus* défendent leur charogne contre les rivaux. Dans tous ces cas, la défense concerne non seulement l'objet proprement dit de leurs désirs, mais aussi un certain périmètre tout autour ; les rivaux sont maintenus à une distance considérable. Dans les espèces mentionnées, il est facile de voir quel est cet objet central : si une faine se déplace et s'en va, le mâle la suit ; il se bat toujours dans son voisinage. Si la Moule se déplace, la Bouvière mâle change en conséquence le territoire qu'elle défend. Mais, dans la plupart des espèces, le territoire défendu est fixe ; le mâle s'installe à l'endroit choisi et défend son territoire. Cela se rencontre chez de nombreux animaux ; la lutte et la menace territoriales peuvent être observées dans tous les jardins zoologiques, car les Rouges-Gorges, les Pinsons (fig. 37) et les Roitelets, pour ne citer qu'eux, sont connus pour leur agressivité. On comprend le rôle joué par ce territoire quand on

FIG. 36. — Mâle de Bouvière et sa Moule (*d'après Boeseman et al., 1938*).

assiste à une bataille centrée sur une de ses régions en particulier. C'est ainsi que, chez de nombreux oiseaux vivant dans des trous, la lutte est particulièrement acharnée quand l'envahisseur s'approche de l'ouverture. Dans la plupart des espèces, toutefois, il n'existe pas de concentration de ce genre sur une zone particulière du territoire ; le sens de ce dernier est alors moins compréhensible. On a suggéré que le territoire de nombreux oiseaux chanteurs servirait de réservoir de nourriture pour les petits. Cela permettrait aux parents de trouver une certaine quantité minima de nourriture tout près du nid, ce qui raccourcirait d'autant leurs déplacements. Comme les oiseaux chanteurs, quand ils viennent d'éclore, demandent à être couvés pour rester au chaud et prêts à ouvrir le bec quand la nourriture arrive, il se pourrait que le territoire serve à éviter un excès de déplacements en quête de nourriture, donc à rendre aussi courts que possible les moments sans incubation. Ces moments pourraient, les jours de malchance, mettre la couvée en danger. On notera que les avis sont partagés quant à la valeur de cet argument.

Fig. 37. — Pinsons mâles se battant.

Chez les oiseaux qui nichent sur le sol, comme les Mouettes, les Sternes, les Vanneaux, etc., il semble que la distanciation soit l'un des éléments de la défense des couvées contre les prédateurs. On a prouvé qu'une trop grande concentration des proies telles que les œufs et les poussins amenait les prédateurs à se « spécialiser » à leurs dépens ; c'est la raison principale pour laquelle les animaux à camouflage vivent généralement solitaires et bien isolés [102]. Chez les oiseaux comme les Mouettes, dont la couvée est protégée par camouflage, l'agression territoriale a pour effet de maintenir une distance raisonnable entre les couvées. Là encore, le conflit de deux intérêts a abouti à un compromis : il y a des avantages à rapprocher les nids (nous l'avons vu au chapitre 2), mais aussi à les espacer. Chacune des diverses espèces de Mouettes et de Sternes est parvenue à un compromis qui lui permet de profiter dans une certaine mesure de l'une et l'autre catégories d'avantages.

Pour conclure, il est clair que l'agression reproductrice a une fonction précise. Elle aboutit à un certain espacement des individus, assurant ainsi à chacun d'eux le compagnon ou le territoire indispensables à leur reproduction. Elle empêche donc les individus de partager ces biens, ce qui serait souvent désastreux, ou du moins irait à l'encontre de l'efficacité. Trop d'œufs de Bouvière dans une seule Moule signifierait la sous-alimentation pour tous. Si plusieurs mâles se partageaient une femelle au lieu de s'en chercher chacun une, ce serait un gaspillage de semence. Deux couvées d'Étourneaux dans un seul trou, c'est la mort pour l'une et l'autre. Bref, l'espacement permet aux individus de profiter au maximum des conditions naturelles.

LES CAUSES DE L'AGRESSION

La question qui se pose maintenant est la suivante : qu'est-ce qui amène les animaux à se battre, pour que ces fonctions soient remplies ? Qu'est-ce qui les amène à se battre uniquement quand c'est nécessaire, et à l'endroit où c'est nécessaire ? Comment l'animal choisit-il son rival en puissance parmi la multitude des animaux qu'il rencontre ? Comme l'agression fait courir un risque à l'individu (en le rendant moins bien armé face aux prédateurs), et comme elle peut même compromettre la reproduction, car des batailles sans fin pourraient laisser à l'animal peu de temps pour faire autre chose, il est vital qu'elle se limite aux cas où elle sert l'une de ses fonctions. Ces problèmes sont assez semblables à ceux que nous évoquions à propos de l'accouplement. Pour qu'il limite son agression à la défense réelle de son territoire, de sa Moule, de sa femelle, etc., il faudra que l'animal réagisse de façon spécifique à ces situations. En outre, il faut que la lutte soit synchronisée ; entendons par là qu'elle se limite aux moments où il y a un rival à chasser. Enfin, elle ne doit pas se dépenser à combattre d'autres espèces, sauf si ce sont des espèces rivales. Comme nous le verrons, plusieurs des stimuli extérieurs responsables des divers aspects de la coordination sont fournis par les rivaux. Comme, en outre, la plupart de ces stimuli servent plusieurs fonctions et non pas une seule, nous ne diviserons pas cette étude en paragraphes, d'après la fonction remplie, du moins pas de façon aussi stricte que nous l'avions fait dans le chapitre sur le comportement sexuel.

Comme on l'a vu, la restriction à un certain lieu est l'une des caractéristiques les plus manifestes de l'agression. Quand, au printemps, une Épinoche mâle rencontre un autre mâle de l'espèce, il s'en faut de beaucoup qu'il l'attaque systématiquement. Sa décision d'attaquer ou de ne pas attaquer dépend entièrement de l'endroit où l'animal se trouve. S'il est sur son propre territoire, il attaque tous les rivaux qui s'y aventurent. S'il est ailleurs, il fuit devant le même mâle qu'il attaquerait « chez lui ». La chose se démontre aisément au moyen d'un aquarium, à condition qu'il soit assez grand pour contenir deux territoires. Le mâle A attaque le mâle B si ce dernier vient sur son territoire ; B attaque A si c'est A qui viole la frontière. Habituellement, ni l'un ni l'autre ne se hasardent volontairement en territoire étranger, mais il est facile de créer cette situation en capturant les mâles et en les mettant chacun dans une large éprouvette. Quand on plonge les deux tubes en territoire A, *a* tente d'attaquer *b* à travers la double paroi de verre qui les sépare, et *b* fait des efforts désespérés pour lui échapper. Si l'on porte les deux tubes dans le territoire B, la situation se renverse (fig. 38).

On a rarement étudié en détail la façon dont le territoire stimule le mâle à se battre. Bien entendu, on ne peut le découvrir que par des expériences consistant à déplacer le territoire (tout ou partie) et à voir si le mâle adapte son agression à la situation nouvelle. Il est difficile de réaliser une telle expérience sur les oiseaux, car leur territoire est vaste, mais les petits poissons, qui peuvent être maintenus dans des aquariums, sont des objets d'étude privilégiés. On a cité plusieurs cas d'oiseaux ayant étendu leur territoire parce que la femelle avait commencé à construire un nid en dehors du territoire primitivement délimité par le mâle.

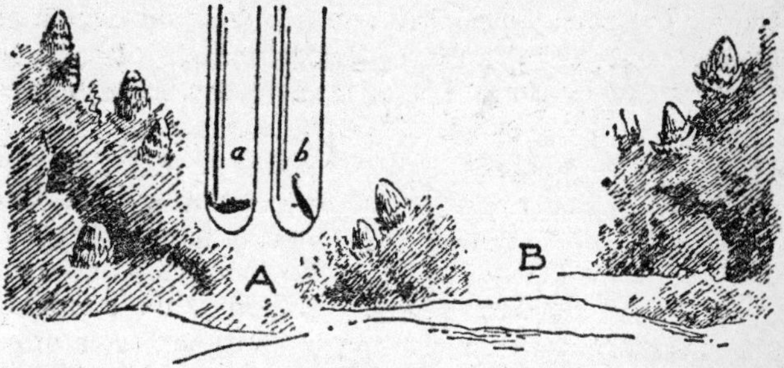

FIG. 38 (*a*). — Expérience démontrant que l'agression est fonction du territoire. Le mâle *b*, propriétaire du territoire B, est introduit, en éprouvette, sur le territoire A du mâle *a* ; ce dernier attaque, et l'autre tente de lui échapper.

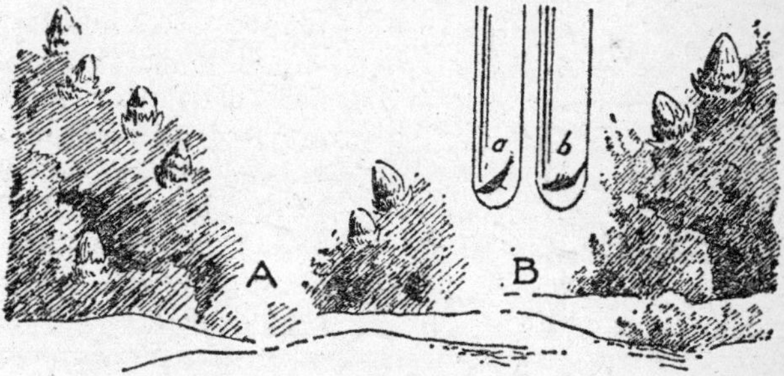

FIG. 38 (*b*). — Le même mâle en territoire B : le mâle *b* attaque, et c'est *a* qui fuit.

Il semble certain que les territoires sont choisis surtout en fonction de propriétés auxquelles les animaux réagissent de façon innée. C'est cela qui fait que tous les animaux de la même espèce, ou du moins de la même population, choisissent le même type général d'habitat. Mais l'attachement personnel d'un mâle à son territoire, cas particulier de l'habitat de l'espèce, résulte d'un acquis. Une Épinoche mâle, par exemple, naît avec la tendance générale à choisir un séjour dans des eaux peu profondes et où la végétation est abondante ; mais il ne naît pas avec la tendance à réagir à telle plante à côté de tel caillou. Il change de territoire quand nous déplaçons ces repères, parce qu'il a été conditionné par eux. Preuve en soit le fait que, quand il s'accouple deux ou trois fois de suite, il est fréquent qu'il change de territoire ; dans chaque territoire nouveau, il s'oriente d'après certains repères.

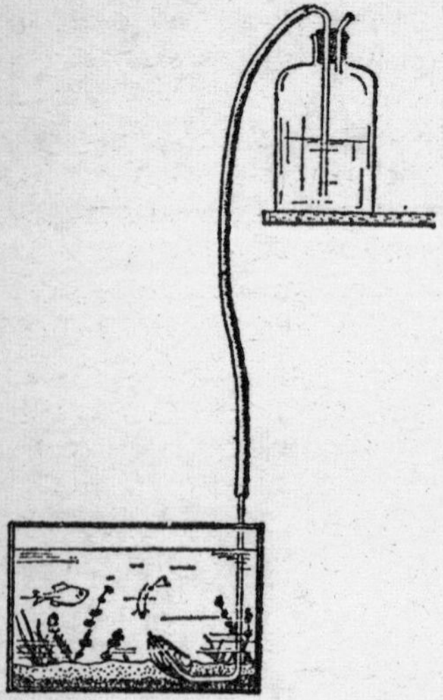

Fig. 39. — Bouvières réagissant intensément à un coquillage vide de Moule, si on le fait traverser par de l'eau dans laquelle on a élevé des Moules (*d'après Boeseman et al., 1938*).

Il est probable que les espèces qui réagissent à un objet particulier (un trou ; chez la Bouvière : la Moule), le font de façon innée et, en conséquence, ne réagissent qu'à un petit nombre de « stimuli-signaux », fournis par cet objet. La Bouvière [8], par exemple, ne réagit que dans une faible mesure aux stimuli visuels fournis par la Moule; le principal stimulus est le courant d'eau provoqué par le coquillage : le poisson réagit à la fois au mouvement de l'eau et à ses propriétés chimiques (fig. 39).

Les stimuli fournis par le territoire, et auxquels l'animal réagit soit de façon innée, soit par suite d'un conditionnement venant s'ajouter à l'instinct, ces stimuli font que l'animal limite son agression à un territoire personnel.

Là encore, la synchronisation grossière de l'attaque dépend de facteurs extérieurs. Comme pour l'accouplement, la première synchronisation, grossière, dépend des hormones sexuelles. L'agression apparaît comme une conséquence du développement des gonades, lequel, de son côté, dépend, à travers la glande pituitaire, de facteurs rythmiques comme l'allongement des jours (dans le cas de nombreux animaux de la zone tempérée nord). Quant à la synchronisation précise, elle est, ici encore, une affaire de réaction à des signaux. Des signaux émanant du rival provoquent l'agression si ce dernier approche trop du territoire (ou, plus généralement, de l'objet défendu). Ces signaux ont toujours une fonction curieusement double. Quand ils sont donnés par un étranger, ils attirent l'assaillant vers ce dernier ; quand ils sont donnés par un assaillant sur ses propres terres, ils intimident l'étranger. En faisant des expériences avec des simulacres, on peut obtenir les deux réactions, selon l'endroit (sur le territoire ou ailleurs) où on les présente. Dans les deux cas, ces signaux servent à préserver certaines distances entre les divers individus et, comme les réponses sont provoquées spécifiquement par ces manifestations, et non par les menaces d'autres espèces, elles tendent à limiter les hostilités au cadre de la seule espèce intéressée.

Chez plusieurs espèces, ces stimuli ont été analysés au moyen d'expériences avec des simulacres. S'il manifeste quelque hostilité à l'égard de tout poisson intrus, le mâle d'Épinoche commune s'en prend surtout aux mâles de son espèce. Les mâles artificiels provoquent la même réaction, à condition d'avoir le ventre rouge. Un œil bleu brillant et un dos légèrement bleuté ajoutent quelque chose à l'efficacité du simulacre, mais ni la forme, ni la taille n'importent beaucoup. Un simulacre en forme de cigare, ayant simplement un œil et le ventre rouge, provoque une attaque bien plus intense qu'un simulacre parfait ou même une Épinoche fraîchement tuée, mais qui ne serait pas rouge (fig. 40). La taille a si peu d'influence que tous les mâles observés par moi « attaquaient » même les véhicules rouges des P. & T. qui passaient à une centaine de mètres de là ; j'entends par là qu'ils dressaient leurs aiguillons dorsaux et faisaient des efforts désespérés pour atteindre ces voitures, ce dont les empêchait, bien entendu, la paroi de verre de l'aquarium. Quand l'un de ces véhicules longeait le laboratoire, où une rangée de 20 aquariums se trouvait devant de larges baies, tous les mâles fonçaient vers le côté fenêtre de leur aquarium et suivaient le mobile rouge d'un coin de leur réservoir à l'autre. Des mâles artificiels ayant trois fois la grandeur nature, bien qu'ils provoquassent une agression semblable tant qu'ils n'étaient pas trop près, n'étaient pas vraiment attaqués si on les introduisait sur le territoire; il semble donc que l'angle sous lequel se présente l'objet ait son importance; ce doit être la raison pour laquelle, en dépit de leur éloignement, les voitures des P. & T. étaient attaquées.

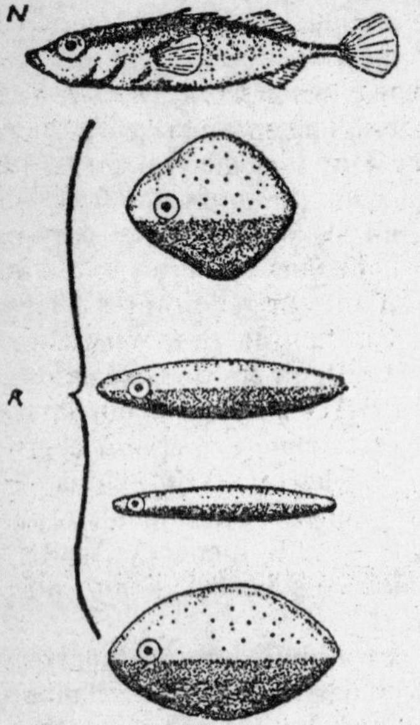

Fig. 40. — Simulacres utilisés pour provoquer l'agression chez des mâles d'Épinoche commune. Un modèle argenté très bien imité (N) est rarement attaqué, alors que des modèles grossiers, mais à ventre rouge (R), le sont violemment (*d'après Tinbergen, 1951*).

Fig. 41. — Attitude de menace du mâle d'Épinoche commune (*d'après Tinbergen, 1951*).

Outre la couleur, le comportement peut provoquer l'agression. Souvent, une Épinoche mâle qui aperçoit de loin un voisin adopte une position de menace, curieuse attitude verticale, la tête en bas (fig. 41). Le flanc, ou même le ventre, est tourné vers le rival et l'animal dresse l'une de ses épines ventrales ou les deux. Cette attitude a pour effet de rendre les autres mâles fous furieux, et nous pouvons aviver l'attaque d'un mâle contre un mâle artificiel en présentant ce dernier dans cette dernière position.

On a fait des observations du même genre sur le Rouge-Gorge. Dès qu'un Rouge-Gorge mâle a délimité son territoire, la vue d'un autre Rouge-Gorge sur ce territoire provoque l'attaque ou la menace. Lack a montré[47] que la gorge rouge est, plus que toute autre chose, le facteur de cette réaction. Quand il plaçait sur le territoire d'un Rouge-Gorge un Rouge-Gorge empaillé, le propriétaire se plantait devant l'animal mort dans une attitude menaçante. Même un petit bouchon de plumes rouges suffisait à provoquer cette attitude (fig. 42).

Fig. 42. — Expérience sur les stimuli de l'agression chez le Rouge-Gorge ; un Rouge-Gorge impubère empaillé, donc ayant les plumes de la gorge brunes (*à gauche*), est rarement attaqué, tandis qu'un bouchon de plumes rouges (*à droite*) est menacé (*d'après Lack, 1943*).

Et de même que, chez l'Épinoche, un simulacre très grossier, mais rouge, était plus efficace qu'un modèle parfait, mais argenté, de même, ces quelques plumes rouges avaient plus de sens pour le Rouge-Gorge qu'un Rouge-Gorge (empaillé) tout entier, mais impubère, qui possédait toutes les formes de son espèce, mais avait la gorge brune et non pas rouge. Cette similitude de fonctions entre la gorge rouge de cet oiseau et le ventre rouge de l'Épinoche mâle est remarquable. Nous verrons que des systèmes de signaux comparables sont apparus, de façon parallèle, chez des animaux d'autres groupes également.

Chez le Rouge-Gorge, toutefois, les signaux ne sont pas exclusivement visuels. Ils s'entendent l'un l'autre à de grandes distances (de plus loin qu'ils ne se voient). En particulier, le chant d'un Rouge-Gorge excite le propriétaire d'un territoire et le pousse à chercher le chanteur. L'attaque réelle se fait donc en deux temps : l'un des mâles commence par voler dans la direction du chant de l'autre ; ensuite, il le cherche des yeux, et il est excité par la gorge de l'intrus, qui le pousse à menacer ou attaquer.

FIG. 43. — Colapte doré : femelle (*à gauche*) et mâle (*d'après Noble, 1936*).

Chez beaucoup d'autres espèces, le chant a cette même fonction ; c'est un « insigne de virilité » qui provoque l'agression des propriétaires. Comme nous l'avons dit, cet insigne, quand il est exhibé par un mâle sur *son* territoire, écarte les intrus. On peut le vérifier aisément dans la nature, sans intervention humaine, car il est fréquent qu'un mâle qui chante soit invisible, par exemple quand il se cache derrière un arbre ou dans un buisson. Il est passionnant de constater les réactions intenses d'autres oiseaux à ces chanteurs cachés. Les intrus sont des incarnations de la mauvaise conscience ; les propriétaires, celles de l'indignation vertueuse.

Chez le Goéland argenté, bien que les deux sexes portent les mêmes couleurs, l'agression est surtout le fait des mâles, et elle a pour objets les autres mâles de l'espèce. Mais les Goélands argentés mâles ne chantent pas, et leurs cris n'excitent pas spécialement les autres mâles. Ils n'ont pas non plus de parties colorées de façon à exciter leur agression. C'est leur comportement qui le produit. Les attitudes de menaces et les mouvements de nidification, en particulier, attirent l'attention des autres mâles et leur inspirent une réaction hostile.

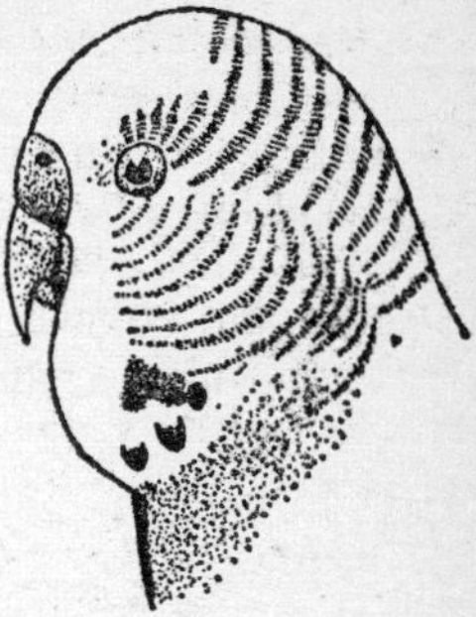

FIG. 44. — Tête de Mélopsitte ondulé (*d'après Tinbergen, 1951*).

D'autres espèces ressemblent à l'Épinoche en ceci que les brillantes couleurs du mâle jouent le rôle d'insigne. On l'a constaté, par exemple, pour le Colapte doré (*Colaptes auratus*), un Pic d'Amérique chez lequel le mâle a une tache noire au coin du bec (on parle de sa « moustache »), et non la femelle (fig. 43). On captura une femelle et on lui dessina une telle moustache : elle fut attaquée par son propre compagnon! Reprise et délivrée de cet ornement, elle fut à nouveau bien reçue [67].

Les mâles du Mélopsitte ondulé ou Perruche inséparable (*Melopsittacus undulatus*) diffèrent des femelles par la couleur de la cire, qui est bleue chez les mâles, et brune chez les femelles (fig. 44). Des femelles à qui l'on avait peint cette partie en bleu furent attaquées par des mâles [12].

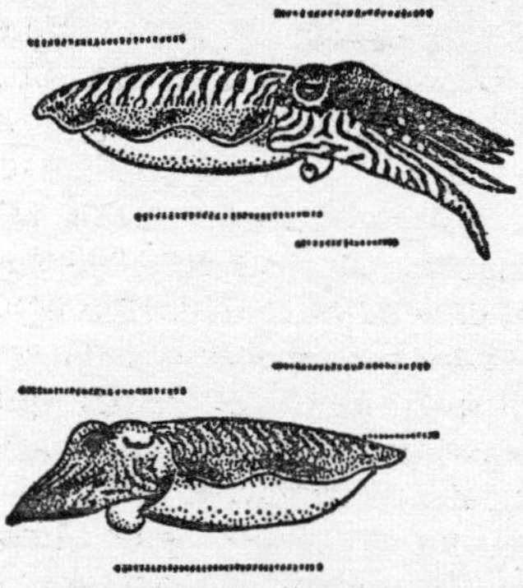

FIG. 45. — Seiche mâle au repos (*en bas*) et paradant (*en haut*) (*d'après L. Tinbergen, 1939*).

Un parallèle extrêmement remarquable a été découvert dans un groupe aussi différent des Perroquets que celui des Céphalopodes : les mâles de Seiche commune (*Sepia officinalis*) se livrent, à la saison des amours, à un étalage de couleurs brillantes. Quand ils rencontrent une autre Seiche, ils montrent le côté large de leurs tentacules, et, grâce à une intervention simultanée de leurs chromatophores, présentent un dessin très voyant en deux couleurs : pourpre foncé et blanc (fig. 45). L'agression des mâles est une réaction à cet étalage de virilité ; des expériences à l'aide de simulacres en plâtre ont montré que cette parade agit visuellement, la forme et la couleur contribuant l'une et l'autre à provoquer l'attaque [91].

Fig. 46. — Scélopore mâle exhibant ses attributs (*d'après Noble, 1934*).

Le comportement des Lézards rappelle fort celui des Seiches [38], [42], [66], [68]. Les mâles ont des mouvements spéciaux qui leur permettent d'étaler des couleurs propres à leur sexe. Le Scélopore ondulé (*Sceloporus undulatus*) a sur le dos des couleurs procryptiques ; le ventre des mâles, en revanche, est bleu clair. Cette couleur n'apparaît que quand le mâle s'exhibe, comme il le fait au printemps quand il rencontre un congénère : il se place en face de lui, mais à angle droit, et comprime son corps latéralement, pour permettre qu'on voie de côté son ventre bleu (fig. 46). En intervertissant, à l'aide de laque, les couleurs des deux sexes, Noble a montré que c'était le ventre bleu qui provoquait l'agression des mâles titulaires du territoire [66], [68].

Jusqu'ici, nous avons énuméré des exemples de stimuli responsables avant tout de la synchronisation de l'agression. Dans la plupart de ces cas, ils dirigent également la lutte elle-même. Pourtant, comme à propos de la sexualité, nous devons faire le départ entre ces deux fonctions, car il y a des stimuli qui interviennent dans l'une d'elles et non dans l'autre. Chez les Canards, par exemple, les femelles ont des mouvements et des cris spéciaux pour exciter leurs compagnons à attaquer les autres mâles. Les cris excitent uniquement l'agressivité du mâle, tandis que les signes de tête de la femelle lui montrent où est le mâle qu'il faut attaquer [56]. La chose se constate aisément chez les Mallarts apprivoisés et semi-apprivoisés qui hantent nos jardins publics : la femelle nage d'un mâle qui l'a « accostée » à son compagnon, en désignant l'étranger de la tête à plusieurs reprises, par un mouvement latéral de l'épaule.

Le troisième problème, celui qui se rapporte à l'isolement génétique, est de limiter l'agression aux membres de la même espèce ; les exemples donnés s'y rapportaient également. Là encore, comme ceux du comportement sexuel, les signaux provocateurs d'agression sont spécifiques, et ils diffèrent beaucoup, chez des espèces même très voisines, si elles ont à peu près le même habitat. On a cependant l'impression que l'évolution n'a pas éliminé l'agression entre espèces avec autant de rigueur que l'accouplement entre espèces. A en juger d'après ce que nous savons, il semble que le peu d'agression entre espèces qui se produise soit dirigé contre des espèces ressemblant superficiellement à celle de l'animal agresseur. Il y a des attaques « par erreur » parce qu'une espèce étrangère se trouve fournir certains des stimuli-signaux qui provoquent normalement l'attaque. Dans certains cas, toutefois, l'agression est visiblement intentionnelle : l'autre espèce est une rivale dans la poursuite du même « objet indispensable ». Par exemple, les Étourneaux et les Moineaux Friquets sont connus pour chasser des trous nichables les autres espèces.

LA HIÉRARCHIE ET LES COUPS

Il arrive que les animaux qui vivent en groupe se battent pour d'autres raisons que les femelles et les territoires. Les individus se disputent la nourriture, un coin favori, peut-être d'autres choses. Dans ces cas-là, l'éducation réduit souvent la fréquence des batailles : l'expérience apprend à chacun lesquels de ses congénères sont plus forts que lui, donc à ménager, et lesquels, plus faibles, peuvent être intimidés. De là l'existence d'une « hiérarchie », dans laquelle chaque individu du groupe connaît sa place. L'un des individus est le tyran ; il domine tous les autres. Un autre n'est subordonné qu'au tyran. Le numéro trois domine tout le monde, sauf les deux précités, etc. On a constaté ce phénomène chez de nombreux oiseaux, mammifères et poissons. Il est facile de le vérifier dans un poulailler.

Cette hiérarchie est un moyen de plus de limiter les batailles effectives : les individus qui n'apprennent pas rapidement à se tenir à distance de leurs « supérieurs » en pâtissent doublement, car ils sont plus battus que d'autres et, en cas de conflit avec un prédateur, sont une proie plus facile pour ce dernier.

Le comportement qui aboutit à la hiérarchie présente quelques aspects intéressants. Chez les Choucas, Lorenz a constaté que, quand une femelle de rang « inférieur » se liait à un mâle élevé dans l'échelle sociale, elle en prenait aussitôt le rang ; autrement dit, tous les individus inférieurs à ce mâle l'évitaient, elle aussi, désormais, bien que beaucoup d'entre eux lui aient été supérieurs jusque-là.

La littérature américaine comporte plusieurs études précieuses sur les problèmes posés par la hiérarchie animale [1, 2]. Mais beaucoup de ces articles prétendent que la hiérarchie est le seul principe d'organisation sociale, et cela fausse les points de vue : ce genre de relations n'est qu'une catégorie parmi les nombreux types de rapports sociaux possibles.

5 ANALYSE DE LA COOPÉRATION

RÉCAPITULATION

Dans les chapitres précédents, nous avons tenté de montrer que la coopération sociale avait toutes sortes d'utilités. Le comportement sexuel ne se limite pas au coït : celui-ci exige de longs préliminaires. Cette cour a des fonctions très diverses. Il est nécessaire que les deux individus intéressés se rencontrent. Il faut que leurs activités soient synchronisées. Il faut que la répugnance au contact corporel soit surmontée. Il faut empêcher les espèces différentes de s'accoupler entre elles. Il faut que la femelle calme l'agressivité du mâle. Nous avons vu que toutes ces fonctions étaient remplies par un système de signaux, grâce auxquels l'un des individus peut agir sur le comportement de l'autre. Dans la vie de famille, le comportement des parents doit être coordonné de telle façon qu'ils se relaient pour veiller sur les œufs ou les petits. Qu'il s'agisse de nourrir ces derniers ou de les mettre en garde contre un prédateur, une étroite coopération est nécessaire, qui implique souvent un échange mutuel de signaux. Plusieurs des rapports de la vie de famille sont d'ordre plus général et concernent également la vie de groupe, où nous trouvons à nouveau que la coopération repose sur l'usage de signaux. Pour finir, nous disions que, bien que nuisible aux individus à certains égards, l'agression, et surtout l'agression reproductrice, est très utile à l'espèce, en ceci qu'elle permet d'espacer les individus, ce qui prévient les effets du surpeuplement. Comme la lutte effective provoque en même temps du mal, l'espèce a tout avantage à ce qu'il existe un système de signes, et la plupart en ont effectivement un ; dans ce cas, l'espèce profite de l'intimidation sans subir le préjudice des blessures. La menace réduit la lutte de deux façons : quand elle est le fait d'un propriétaire (de territoire, de femelle, de trou, etc.), elle intimide les rivaux ; quand elle est le fait d'un intrus, elle le désigne à l'agression du propriétaire, ce qui fait que celui-ci peut laisser en paix les intrus qui ne présentent pas de danger. Là encore, ces fonctions dépendent de signaux.

Le système de signalement a été étudié dans un certain nombre de cas [99]. Bien qu'il reste beaucoup à faire à cet égard, nous pouvons déjà tirer quelques conclusions générales.

Nous avons vu que, chez le Goéland argenté, l'adulte nourrit ses petits en régurgitant un peu de nourriture et en la leur présentant entre les pointes de son bec. L'oisillon est d'abord excité par le « miaulement » de l'adulte, puis, manifestement guidé par des stimuli visuels, il picore sur le bout du bec, jusqu'au moment où la nourriture passe dans le sien, et où il l'avale. Les divers signaux, auditifs et visuels, sont donnés par l'adulte, et le poussin y réagit. Dans l'étude de ces systèmes de signaux, j'appelerai *acteur* l'individu qui prend l'initiative, et *réacteur* celui qui réagit aux stimuli.

LE COMPORTEMENT DE L'ACTEUR

Notre problème central est le suivant : qu'est-ce qui pousse l'acteur à donner un signal? Qu'est-ce qui fait que la mouette adulte appelle ses petits et leur offre à manger? A en juger d'après notre comportement à nous, nous tendrions à penser que l'acteur songe à une certaine fin, qu'il agit en vue d'arriver à cette fin. Mais tout donne à penser que, chez l'animal, les activités ne dépendent pas de cette sorte de « préscience » qui, d'une façon inexpliquée, commande à tel point notre propre comportement. S'il y avait une telle préscience, et une telle conscience des fins poursuivies par le comportement, nous ne pourrions expliquer les nombreux cas où, bien que leur comportement n'ait pas atteint sa fin, les animaux ne font rien pour y porter remède. Par exemple, si les cris d'alarme étaient poussés en vue d'avertir d'autres individus, on ne comprendrait pas pourquoi les oiseaux le poussent avec la même vigueur, qu'il y ait ou non un congénère aux alentours. Ou encore, si les parents étaient guidés par une connaissance des fonctions de couvaison et d'alimentation, les oiseaux chanteurs colonisés par un Coucou ne laisseraient pas leurs propres petits mourir sous leurs yeux après que le petit Coucou les ait jetés hors du nid. On peut montrer que ce comportement (dont il existe beaucoup d'exemples semblables) est dû à des réactions relativement rigides et immédiates, à des stimuli internes et externes. Un parent d'oiseaux chanteurs ne peut nourrir ses petits s'ils ne le lui demandent pas. Il ne peut les couver s'ils ne sont pas dans le nid. D'autre part, un oiseau qui a des petits ne peut s'empêcher de pousser le cri d'alarme s'il aperçoit un prédateur, qu'il y ait ou non un congénère à prévenir.

Pour revenir aux Goélands argentés, tout nous amène à conclure que l'adulte réagit de façon rigide à un besoin interne et aux stimuli fournis par l'emplacement du nid et par les petits eux-mêmes. Cette rigidité est manifeste quand on constate les réactions d'un adulte à un poussin mort. Plus d'une fois, j'ai vu des oisillons tués par un adulte du voisinage. Alors qu'ils le défendent férocement tant qu'il est vivant, son père et sa mère le dévorent dès qu'il est mort. Ils n'entendent plus les cris du petit oiseau, ils ne voient plus ses mouvements ; cela suffit à lui faire perdre toute réalité en tant que poussin et à le transformer en nourriture.

Il est hors de doute que nous pouvons généraliser cette conclusion. Sauf peut-être chez les mammifères tout à fait supérieurs, tout comportement de signalement est une réaction immédiate à des stimuli internes et externes. A cet égard, il y a une grande différence entre l'Homme et les autres animaux. On peut comparer les signaux des animaux aux cris de l'être humain dans sa première enfance, ou aux expressions involontaires de la colère ou de la peur, chez les humains de tout âge ; nous savons que ce « langage émotionnel » de l'Homme est différent du discours volontaire. Le « langage » des animaux est au niveau de notre « langage émotionnel ».

En outre, le comportement de signalement est inné, probablement dans tous les cas que nous avons évoqués. La chose a été prouvée chez un certain nombre d'animaux en les élevant à l'écart des autres membres de leur espèce, afin qu'ils n'aient aucune chance de voir et d'imiter leur comportement. En fait, nous savons actuellement que l'imitation réelle est extrêmement rare chez les animaux. On est pourtant toujours surpris, quand on voit de tels animaux isolés se livrer à des comportements aussi complexes que la nidification, la résistance à un adversaire ou la cour à une femelle, et qu'ils le font pour la première fois de leur vie. Un jour, par exemple, nous élevâmes dans l'isolement (depuis l'œuf!) un mâle d'Épinoche commune; une fois qu'il eut atteint sa maturité sexuelle, quand nous le mîmes en face d'un mâle et d'une femelle, nous vîmes qu'il possédait intégralement le comportement d'agression et toute la chaîne des activités de cour. A cet égard aussi, le « langage » animal diffère du discours humain.

Dans certains cas, nous savons quelque chose au sujet des causes responsables du type particulier du comportement de l'acteur. Les observateurs ont toujours été frappés du fait que toutes les sortes de manifestations (qu'il s'agisse du manège amoureux, de la menace ou d'autres types de signaux) sont un comportement assez grotesque. Il y a longtemps qu'on en connaît la règle générale : toutes les fois que des parties du corps dont les couleurs sont voyantes interviennent dans ces manifestations, l'animal s'arrange pour les mettre bien en évidence. Il lève la crête, les ailes ou la queue, ouvre largement le bec, etc., toutes les fois que ces parties du corps ont des couleurs vives. C'est toujours le côté large de ces parties qui est présenté au réacteur. De nombreux oiseaux montrent à leur femelle des éventails chatoyants ; collier, ailes ou queue sont exhibés frontalement ou latéralement. Les poissons étalent les opercules de leurs ouïes quand ils menacent par le devant, et dressent toutes leurs nageoires quand ils s'exhibent par le côté. Ainsi, le mouvement et la structure coopèrent en vue d'un effet visuel maximum.

On sait désormais dans plusieurs cas, non seulement que l'exhibition est une réaction à des conditions externes et internes, mais aussi pourquoi elle prend telle forme et non telle autre. Les domaines dans lesquels nous sommes le mieux renseignés à ce sujet sont la menace et la cour.

Une analyse des conditions de la menace a montré qu'elle intervient quand deux instincts sont excités en même temps chez l'acteur : celui d'attaquer et celui de fuir. En cas de conflit territorial, il est facile de comprendre comment cela peut se produire : puisqu'un étranger qui envahit le territoire provoque l'attaque, et au contraire la fuite quand la scène se passe en dehors de ce territoire, un propriétaire qui rencontre un étranger juste à la limite de son territoire se sent poussé à la fois à attaquer et à fuir. Cela crée une « tension », ou forte activation d'instincts opposés, et, dans ces circonstances, nous assistons à ce que l'on a appelé des « activités de déplacement », par lesquelles les instincts contrecarrés trouvent un exutoire [97, 104]. L'attitude de menace de l'Épinoche commune est l'une de ces activités de déplacement. Quand deux mâles se livrent un combat acharné, ils finissent, à force de se tenir la tête en bas pour menacer l'autre, par creuser un trou dans le sable ; or ceci est la première phase de la nidification. Par ce mouvement, les instincts refoulés d'attaque et de fuite, dont les types moteurs, étant opposés, ne peuvent se réaliser ensemble, trouvent un exutoire. D'autres espèces ont un comportement semblable lors des conflits de frontières ; les mouvements de déplacement varient simplement d'une espèce à l'autre (fig. 47). Par exemple, les Étourneaux et les Grues peignent leur plumage ; les Pipis font semblant de se nourrir, et de nombreux Échassiers prennent même l'attitude du sommeil!

Revenons à l'Épinoche. L'attitude de menace n'est pas un simple creusement de déplacement. En règle générale, les adversaires se présentent de flanc et dressent une de leurs épines ventrales ou les deux. Or, cela fait partie du type de comportement des instincts

FIG. 47. — **Diverses activités de déplacement faisant fonction de menaces.**

En haut à gauche : **Goéland argenté arrachant de l'herbe au cours d'une bataille (nidification de déplacement) (*d'après Tinbergen, 1951*).**
En haut à droite : **sommeil de déplacement chez l'Avocette (*d'après Makkink, 1936*).**
En bas à gauche : **sommeil de déplacement chez des Huîtriers en conflit (*d'après Tinbergen, 1951*).**
En bas à droite : **alimentation de déplacement chez des coqs domestiques en conflit (*d'après Tinbergen, 1951*).**

activés, car nous avons affaire à des éléments de la défense contre un ennemi. Toute Épinoche fait la même chose quand elle est acculée soit par une autre Épinoche, soit par un prédateur tel que le Brochet. L'instinct d'agression s'exprime également par le comportement de menace : les mâles qui menacent mordent furieusement le sable, avec beaucoup plus d'énergie que quand ils creusent réellement pour préparer l'emplacement d'un nid. Cette activité fait penser à une attaque effective contre l'adversaire ; ils agissent à l'égard du sable (objet de l'action de creuser), comme ils agiraient à l'égard de l'adversaire « s'ils osaient ».

On trouve un mouvement de menace similaire chez le Goéland argenté. Au chapitre 1, nous avons dit que ces oiseaux, quand ils se battent, arrachent du sol de l'herbe ou de la mousse. C'est là une activité de déplacement : la cueillette de matériau pour les nids, qui a l'effet d'une menace. Elle diffère de la véritable cueillette de tels matériaux : l'animal qui menace pique plus énergiquement le sol que s'il s'agissait simplement de ramasser des brins de paille pour son nid. En outre, il choisit des racines, des touffes d'herbe bien plantées, etc., et il les tire comme si sa vie en dépendait. Or, c'est exactement le traitement qu'il inflige à un autre Goéland argenté lorsqu'il y a bataille effective.

Ces activités de déplacement n'apparaissent que quand la tension est très élevée. Dans les conflits moins violents, la menace prend généralement la forme d'une combinaison de divers éléments des comportements rattachés aux deux instincts en présence. L'Épinoche fonce et recule alternativement, avec un semblant d'attaque suivi de retraite. Le Goéland argenté combine en une seule posture des éléments des deux instincts : il tend le cou, pointe le bec vers le bas et soulève les ailes (ces éléments de lutte sont une préparation aux coups de bec et d'ailes) ; quand l'adversaire est proche, le cou repart en arrière, ce qui trahit la tendance à battre en retraite. Ainsi, cette attitude de menace est un début d'attaque compensé par un début de retraite.

Le manège amoureux se fait aussi dans des conditions de tension. Seulement, les instincts dont il s'agit sont différents. L'instinct sexuel est toujours présent : il peut cependant être contrecarré par diverses circonstances. Nous avons vu que la coopération, dans le domaine sexuel, dépendait souvent d'un signalement réciproque. Toutes les fois qu'un animal attend un signal de la part de son partenaire, et que, pour une raison ou pour une autre, ce signal n'arrive pas, cet animal ne peut pas passer à la réaction suivante de la chaîne, laquelle réaction dépend entièrement de ce signal. Cela laisse l'animal avec un instinct sexuel violemment excité, mais insatisfait. D'où activité de déplacement. On a montré que le mouvement par lequel l'Épinoche mâle montre à une femelle l'entrée de son nid constituait une telle activité ; il s'y livre tant qu'il attend qu'elle entre. Le tremblement qui provoque la ponte est, lui aussi, une activité de déplacement, exécutée tandis que le mâle attend que la femelle ponde, ce qui seul peut provoquer l'éjaculation. Ces deux activités sont l'une et l'autre une manifestation de déplacement. Le véritable éventage est le mouvement par lequel le mâle envoie un courant d'eau dans le nid, pour ventiler le contenu de ce dernier ; c'est un élément du comportement parental.

La danse en zigzag de l'Épinoche mâle est due à une autre situation : la femelle active chez lui deux instincts différents, car elle le pousse à attaquer, tout en l'incitant à la conduire vers le nid (ce qui est un comportement purement sexuel). On peut démontrer que chaque « zig » est le début d'un mouvement de guidage, tandis que chaque « zag » est le début d'une attaque [104]. La danse en zigzag est donc la combinaison de deux mouvements incomplets, résultat de l'activation simultanée de l'instinct d'agression et de l'instinct sexuel.

Ces quelques exemples montrent qu'une partie au moins du comportement d'exhibition consiste en mouvements tirés d'autres types de conduite. Ce sont soit des combinaisons d'éléments empruntés aux instincts en jeu, soit des activités de déplacement, dérivées de parties du comportement de l'espèce entièrement différentes. Bien que ces analyses n'aient été faites que sur de rares espèces, nous avons des raisons de croire que la plupart des mouvements-signaux sont, en réalité, de tels mouvements dérivés. Pour des raisons que nous verrons au chapitre 8, ces mouvements dérivés ne peuvent toujours être reconnus au premier coup d'œil ; souvent, une étude comparative détaillée est nécessaire.

Si maintenant nous nous intéressons au comportement du réacteur, nous constatons que lui aussi est inné. Le poussin du Goéland argenté dirige d'emblée sa réaction de picorer sur le bout du bec de l'adulte, sans avoir à apprendre à le faire. L'Épinoche mâle élevé dans l'isolement réagit à d'autres mâles par l'agression, à des femelles par une cour. Rien n'a pu lui apprendre à agir ainsi. En d'autres termes, c'est non seulement la capacité d'exécuter ces types de mouvement qui est innée, mais aussi la sensibilité à certains stimuli, lesquels sont propres à provoquer et diriger certaines actions.

Dans un certain nombre de cas, on a consacré une étude particulière à la capacité de réagir aux signaux. Certains des résultats acquis ont déjà été mentionnés dans les chapitres précédents. Examinons maintenant de plus près la réaction de demande du poussin de Goéland argenté ; dans ce cas, en effet, nous savons exactement à quels stimuli le poussin réagit [111]. Il est possible de provoquer la réaction de demande chez un poussin nouveau-né (donc inexpérimenté) en lui présentant une imitation de la tête de l'oiseau adulte, taillée dans un morceau de carton (donc sans volume); le poussin y réagit autant qu'à la tête réelle. Le bout du bec du Goéland argenté adulte porte une tache rouge, qui tranche vivement sur le fond jaune du bec lui-même. Quand cette tache rouge ne figure pas sur le simulacre, le poussin réagit bien moins énergi-

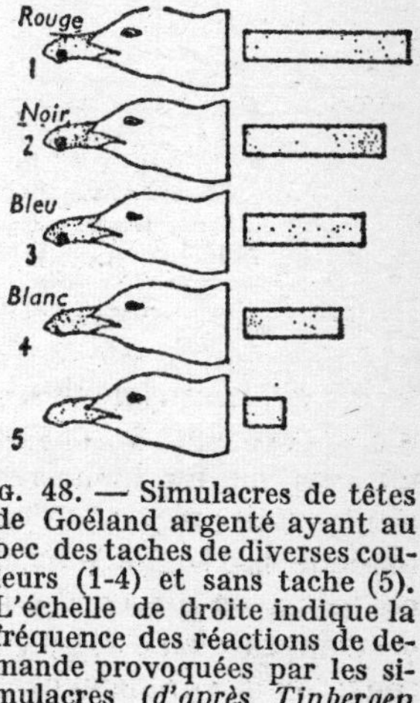

FIG. 48. — Simulacres de têtes de Goéland argenté ayant au bec des taches de diverses couleurs (1-4) et sans tache (5). L'échelle de droite indique la fréquence des réactions de demande provoquées par les simulacres (*d'après Tinbergen et Perdeck, 1950*).

quement qu'il ne réagit au simulacre normal, qui comporte la tache rouge (fig. 48). Quand on présentait tour à tour ces deux simulacres à un certain nombre de poussins, le nombre moyen des réactions au simulacre sans tache n'était que le quart de celles au modèle normal. Quant aux modèles présentant une tache, mais une tache d'une couleur autre que le rouge, ils provoquaient des nombres de réactions intermédiaires. Ces nombres dépendaient du degré de contraste entre la couleur de la tache et celle du bec. De la même façon, c'est-à-dire en comparant les réactions des poussins à des modèles différents de simulacres, il a été possible d'étudier l'influence de la couleur jaune du bec. On a été assez surpris de constater que la couleur du bec des simulacres laissait les poussins absolument indifférents, sauf qu'un bec rouge provoquait deux fois autant de réactions que toute autre couleur (fig. 49). Un bec jaune (couleur nature) n'en provoquait pas plus qu'un blanc, un noir, un vert ou un bleu. La couleur de la tête non plus n'importait pas : on s'attendrait à ce qu'une tête blanche provoque plus de réactions qu'une tête noire ou verte, or il n'en est rien. Même la forme de la tête ne comptait pas. Mieux : s'il n'y avait pas de tête du tout, mais simplement un bec, cela ne faisait guère de différence. Pourtant, le poussin peut très bien voir

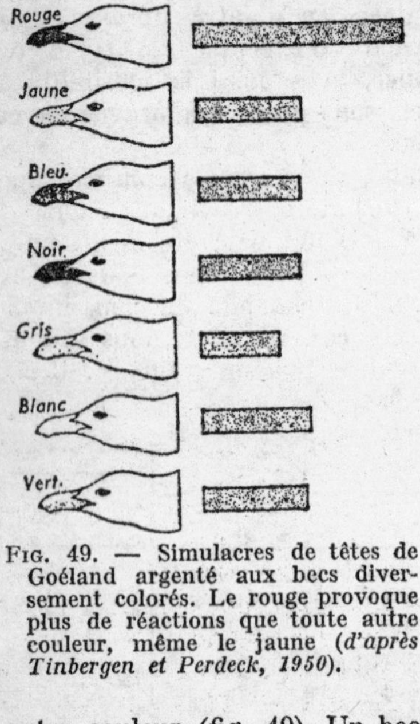

FIG. 49. — Simulacres de têtes de Goéland argenté aux becs diversement colorés. Le rouge provoque plus de réactions que toute autre couleur, même le jaune (*d'après Tinbergen et Perdeck, 1950*).

la tête, car il arrive qu'il picore à la base du bec, voire à la paupière rouge de l'adulte. Quand les poussins ont faim, une seule chose compte pour eux : le bec de leur père ou de leur mère, et sa tache rouge. En outre, il faut que le bec soit mince et long, qu'il soit pointé vers le bas, aussi près du poussin et aussi bas que possible. Mais ici s'achève la liste des stimuli : tout le reste est sans importance pour l'oisillon. On admirera la façon dont le comportement et la coloration de l'adulte sont adaptés à tout cela, à quel point il satisfait, pour ainsi dire, l'attente du poussin. L'adulte marche vers celui-ci, lui tend le bec en position presque verticale, pointe en bas, et il y a une tache rouge au « sommet » de ce bec. Cette étroite correspondance entre les caractères des parents et les stimuli auxquels le poussin réagit nous stupéfait si nous nous rappelons que le poussin ne peut « savoir » à quoi ressemble l'adulte, ni comment il se comporte.

Chez beaucoup d'autres animaux étudiés, nous constatons que le réacteur, tout comme le poussin de Goéland, réagit à un petit nombre de stimuli sélectionnés, fournis par l'acteur. Comme nous l'avons vu, l'agression du Rouge-Gorge est provoquée par la gorge rouge bien plus que par tout autre caractère physique. Celle de l'Épinoche mâle, par le ventre rouge plus que par quoi que ce soit d'autre. La « moustache » du Colapte mâle agit plus que tout autre caractère, etc. On dirait que ces couleurs, formes, cris, mouvements, n'ont qu'une fonction : provoquer des réactions appropriées chez le réacteur. Le premier à l'énoncer clairement a été Lorenz [55], qui souligne que les réactions sociales sont souvent provoquées par des caractères qui semblent particulièrement propres à cette fonction. Il a appelé ces organes « déclencheurs » (*Auslöser*). Voici en quels termes il définit cette notion : « Les moyens utilisés pour fournir des stimuli-clés peuvent être des caractères physiques, par exemple une coloration ou une structure spéciales, ou bien des actes instinctifs, par exemple l'exhibition, la « danse », etc. Le plus souvent, ces moyens appartiennent aux deux groupes : il s'agit d'actes instinctifs permettant d'exhiber des couleurs ou des formes exclusivement destinées à cette fin. J'ai proposé d'appeler *déclencheurs* tous ces moyens de stimulation, qu'il s'agisse d'un agent optique ou acoustique, d'un acte, d'une forme ou d'une couleur ».

Les documents qui s'accumulent depuis, dans les ouvrages de plusieurs chercheurs, semblent confirmer pour l'essentiel l'hypothèse de Lorenz. Ils ne sont suffisants que dans un très petit nombre de cas, et beaucoup de travail reste à faire ; dans l'ensemble, cependant, le principe des déclencheurs semble très utile pour la compréhension des mécanismes de la coopération sociale. Nous allons les énumérer en fonction des sens impliqués (et non des fonctions remplies).

ÉNUMÉRATION DES DÉCLENCHEURS

Le son joue un rôle parmi les groupes dont les organes auditifs sont bien développés. Nous avons vu que les mâles de plusieurs espèces attirent les femelles par un cri bruyant et spécifique, que nous honorons du nom de chant quand le hasard veut qu'il frappe agréablement nos oreilles. Les preuves expérimentales de l'action déclenchante du chant sont rares, et il vaudrait la peine d'utiliser aux fins d'expérience les nombreux enregistrements de chants d'oiseaux qui existent déjà. Il est probable que le « bêlement » de la Bécassine mâle (fig. 50), le cri de l'Engoulevent mâle, le claquement du Pivert mâle ont tous des fonctions bien définies, mais il sera intéressant de le démontrer expérimentalement.

FIG. 50. — Bécassine mâle « bêlant »; ce son est produit par la vibration des plumes extérieures de la queue.

Un autre groupe dans lequel le cri et le « chant » jouent un rôle est celui des grenouilles et des crapauds.

Tous nos lecteurs connaissent bien entendu le coassement des mâles de Grenouille commune et de Crapaud commun. Dans les régions subtropicales et tropicales, il existe des variétés bien plus bruyantes, et plusieurs d'entre elles ont des voix si mélodieuses que l'on hésite moins à parler de « chant » à leur propos qu'à propos des cris rauques de nos grenouilles. Nous ignorons encore beaucoup de choses quant à la fonction exacte de ces chants d'amphibiens, et aussi des autres cris de ces espèces.

Bien que certaines expériences soient venues prouver que le chant des sauterelles et des criquets a essentiellement la même fonction que celui des oiseaux, nous ne savons autant dire rien des fonctions de tous les autres sons produits par des insectes. Un mâle de Sauterelle produit une série de petits cris différents ; ces sons sont caractéristiques de l'espèce, et il y a une grande régularité dans les sons produits par chaque espèce. Des sons sont également attestés chez les Cigales, certaines Fourmis, et divers autres groupes, mais leurs fonctions ne nous sont pas connues.

Les signaux chimiques agissant sur les organes de l'odorat ne sont pas rares ; mais, là aussi, la fonction n'est comprise que dans quelques rares cas. J'ai déjà dit que les mâles de papillon de nuit étaient attirés par l'odeur des femelles, et que les mammifères signalaient les limites de leur domaine au moyen d'odeurs. Il arrive aussi que l'odeur joue un rôle dans la cour effective : celui de persuader la femelle, de l'amener à coopérer. Telle est la fonction des écailles dites olfactives du Satyre Sémélé mâle. Ces écailles sont réunies sur une bande étroite de la face supérieure des ailes antérieures. Elles se terminent en une sorte de pinceau, ce qui facilite l'évaporation des sécrétions des glandes à parfum (fig. 51). Nous savons que le manège amoureux accompli par le mâle en face de la femelle culmine par la « révérence » : le mâle tend ses ailes de devant et y enserre les antennes de la femelle. Par là, les organes terminaux de l'odorat, situés sur les extrémités élargies des antennes de la femelle, sont mis en contact avec

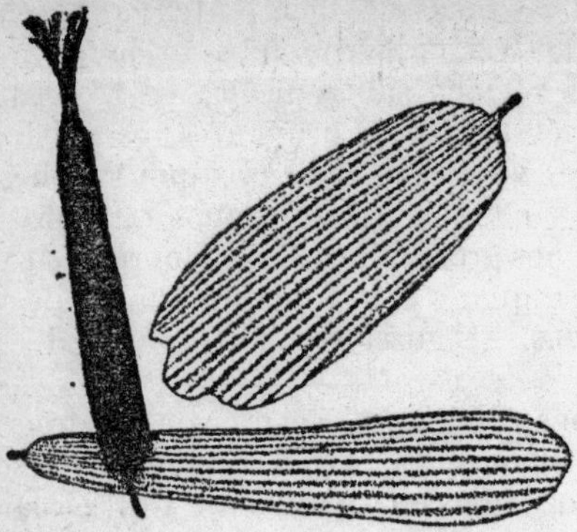

FIG. 51. — Deux écailles ordinaires et une écaille olfactive de Satyre Sémélé mâle *d'après Tinbergen et al., 1942*).

la zone odoriférante du mâle. Les mâles dont on a supprimé au pinceau les écailles olfactives, en couvrant leurs racines avec de la laque, ont moins de succès dans leur cour que les mâles intacts (pour repérer ceux-ci, on laque d'autres parties de leur aile) [108].

Le toucher joue aussi un rôle dans la coopération sociale. Quand une Épinoche mâle a conduit la femelle vers le nid, elle y entre, et elle est alors prête à pondre. Mais, pour cela, il faut un stimulus tactile fourni par le mâle : son « tremblement ».

FIG. 52. — Gros Escargots s'accouplant. *A droite :* un « aiguillon d'amour » (*d'après Meisenheimer, 1921*).

Un autre exemple de stimulus tactile dans le cadre du manège amoureux nous est fourni par l'accouplement des gros Escargots (*Helix pomatia*) (fig. 52). Étant hermaphrodites, ces Escargots ont une cour entièrement réciproque. Elle consiste en une série de positions et de mouvements, qui aboutissent au coït. Szymanski [88] a pu provoquer la totalité du manège amoureux chez l'Escargot en imitant les stimuli normalement fournis par un congénère, et cela en attouchant doucement l'animal avec un pinceau. Cette « cour tactile » culmine par un stimulus très vigoureux : l' « aiguillon d'amour », sorte de flèche pointue en pierre calcaire, est enfoncé dans le corps de l'escargot, ce qui aboutit à l'éjaculation.

Comme nous l'avons déjà dit, le comportement de menace de nombreux poissons fait intervenir des stimuli tactiles de diverses sortes, qui agissent sur les organes latéraux.

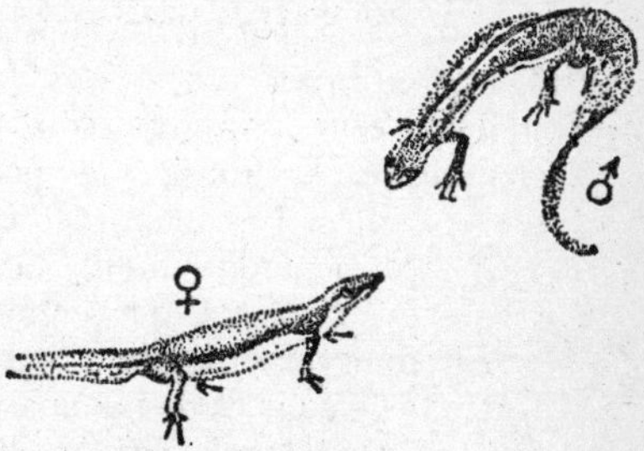

Fig. 53. — Phase visuelle du manège amoureux du Triton commun (*d'après Tinbergen et Ter Pelkwijk, 1938*).

Le manège amoureux de divers Tritons semble être une série de signaux à la fois visuels, tactiles et chimiques [61, 110]. Le mâle du Triton commun commence par prendre position en face de la femelle, la crête dressée, le flanc tourné vers elle (fig. 53). Puis il effectue un bond soudain, par lequel il dirige sur la femelle un violent courant d'eau, souvent capable de la déplacer. Ensuite, il lui fait face, replie sa queue vers l'avant le long de son propre corps, et, en l'agitant, crée un courant doux et probablement chargé d'une substance chimique stimulante (fig. 54). Si elle réagit en marchant vers lui, il se tourne et s'éloigne d'elle en rampant. Au bout d'un moment, il s'arrête, attend qu'elle lui touche la queue, et dépose alors un spermatophore, que la femelle fait pénétrer dans son cloaque. Là encore, il faudra une étude expérimentale pour confirmer ce que l'apparence sug-

FIG. 54. — Mâle de Triton commun envoyant à la femelle un courant d'eau (*d'après Tinbergen et Ter Pelkwijk, 1938*).

gère fortement, à savoir que le premier mouvement du mâle est une manifestation visuelle, tandis que le second fournit des stimuli tactiles et le troisième, une stimulation chimique.

Les déclencheurs visuels sont relativement bien connus, quoique, là aussi, des preuves plus précises soient souhaitables. Les exemples donnés jusqu'ici ont déjà montré que le mouvement, la couleur et la forme peuvent tous intervenir. Chez certaines espèces, l'accent est mis sur le mouvement, par exemple dans les diverses manifestations de cour et de menace du Goéland argenté. Ailleurs, l'accent est mis sur la couleur, par exemple chez l'Épinoche avec son ventre rouge, ou le Goéland argenté et la tache rouge de sa mandibule inférieure. En général, la couleur et le mouvement interviennent l'un et l'autre ; dans ces cas-là, le mouvement est toujours capable de révéler les structures spéciales qui agissent sur le réacteur. Est-ce le mouvement qui s'est adapté à la structure, ou le contraire, ou encore se sont-ils adaptés l'un à l'autre? C'est, naturellement, un problème d'évolution ; nous y reviendrons au chapitre 8.

CONCLUSION

Dans l'état de nos connaissances actuelles, la coopération sociale semble dépendre avant tout d'un système de déclencheurs. La tendance de l'acteur à fournir ces signaux est innée, et les réactions du réacteur le sont également. Il semble que les déclencheurs soient toujours visibles et relativement simples. La chose est significative, car d'autres expériences ont montré que les stimuli provoquant un comportement inné sont toujours de simples « stimuli-signaux ». Il semble donc que les structures et les éléments de comportement agissant comme déclencheurs soient adaptés à la fonction de fournir des stimuli-signaux. Quand ils ont en plus celle d'isoler l'espèce dans sa reproduction, ils sont également spécifiques (entendons : différents des déclencheurs des autres espèces). Cette spécificité ne peut toujours être obtenue par un seul déclencheur, mais une succession de déclencheurs, dont chacun n'est pas très spécifique, peut, dans son ensemble, être tout à fait spécifique.

Pourtant, toutes les communications ne reposent pas sur des déclencheurs ; il existe certaines complications. Comme nous l'avons vu, de nombreux animaux sociaux ne réagissent aux déclencheurs sociaux de leur espèce que lorsqu'ils sont fournis par certains individus, connus personnellement de ces animaux. Dans ces cas-là, des relations personnelles, établies par un processus que l'on ne peut qu'appeler étude, limitent les réactions aux cas où les signaux sont fournis par un individu ou un petit nombre d'individus ; les animaux en question réagissent toujours aux déclencheurs de leur espèce, mais seulement après avoir limité leur attention à certains membres de l'espèce. Parfois, les réactions sont des mouvements immédiats et simples. Toutefois, elles sont souvent internes ; dans ces cas-là, le signal modifie l'attitude du réacteur et le prépare à une activité plus complexe et plus variée.

Nous voyons donc qu'une communauté fonctionne comme la résultante des propriétés de ses membres. Chaque membre a tendance à exécuter les mouvements-signaux provoquant, de la part des réacteurs, les réactions « correctes » ; chaque membre possède la capacité spécifique qui le rend sensible aux signaux de l'espèce. Dans ce sens, la communauté est déterminée par les individus.

Certains sociologues et philosophes prétendent parfois que ce sont les individus qui sont déterminés par les exigences de la communauté ; au premier abord, cela semble diamétralement opposé à la conclusion que nous venons de formuler. Plusieurs discussions sur ce sujet ont omis de faire remarquer que chacune de ces deux formules est vraie à sa manière. La première est vraie au point de vue « physiologique », la seconde au point de vue de l'évolution. Quand les individus se comportent anormalement, il va sans dire que la communauté en souffre. Il est clair que dans ce sens, la communauté est déterminée par ses éléments constitutifs. Néanmoins, seuls survivent les groupes composés d'individus « capables », tandis que ceux composés d'individus déficients ne survivent pas, donc ne peuvent se reproduire convenablement. Le résultat de la coopération des individus est donc continuellement mis à l'épreuve, et c'est le groupe qui détermine en dernière analyse, par son efficacité, les caractéristiques des individus. Cet argument pourrait s'appliquer tout aussi bien à l'individu et à ses organes constitutifs. Il est évident que l'individu est déterminé par ses organes, en ce sens que le mauvais fonctionnement d'un organe met en danger la vie de l'individu. Le résultat de la coopération des organes, à savoir l'individu, est éprouvé dans son ensemble, et seuls ceux dont les organes fonctionnent correctement survivent. Ainsi, la réussite de l'individu détermine, à la longue, ses éléments constitutifs.

6 LES RAPPORTS ENTRE ESPÈCES

Dans les chapitres précédents, nous avons vu que la coopération entre individus d'une même espèce était souvent fondée sur le système des déclencheurs. L'un des individus, l'acteur, donne un signal auquel réagit le réacteur. Or ces relations de déclenchement ne sont pas le propre des animaux individuels : nous connaissons de nombreux cas de coopération entre espèces différentes, fondée sur un système de signaux du même genre ; nous allons en étudier quelques-uns à présent.

Nous devrons distinguer deux catégories : (1°) Bien des espèces ont acquis par évolution des organes dont la fonction est de provoquer certaines réactions chez les individus d'autres espèces. (2°) Beaucoup également se sont spécialisées dans le sens opposé : elles font tout pour éviter de provoquer une réaction de la part d'autres espèces. Soyons plus précis : elles évitent de provoquer, chez les prédateurs éventuels, toute réaction d'appétit, elles tentent de ne pas attirer l'attention des prédateurs.

ESPÈCES PROVOQUANT LES RÉACTIONS

Le meilleur représentant de cette catégorie est la couleur des fleurs dont la pollinisation ne peut se faire sans insectes. On sait actuellement, surtout grâce aux travaux de savants allemands, que beaucoup de fleurs sont admirablement adaptées au besoin d'attirer et de guider les pollinisateurs qui leur sont nécessaires [2,4,26,35,39,40,43,79]. Leur principal déclencheur est leur couleur. Depuis que von Frisch, refusant d'admettre la thèse de Hess (pour qui les Abeilles étaient insensibles aux couleurs), a montré que les Abeilles faisaient très bien la distinction entre les couleurs, la même chose a été démontrée à propos des Bourdons, des Mouches, des Papillons et des Papillons de nuit. C'est la couleur qui guide principalement ces insectes dans leur quête de fleurs. Il est facile, par exemple, de dresser des Abeilles à se poser sur du papier jaune ou bleu en leur offrant, dans une assiette posée sur ce papier, une solution de sucre. Une expérience critique consiste à écarter le sirop et à présenter un choix de papiers de diverses couleurs, ainsi qu'une série de papiers dans des tons gris délicatement dégradés. Les Abeilles se dirigent alors droit sur les couleurs auxquelles elles ont été habituées. Il est possible de prendre les précautions nécessaires pour s'assurer qu'elles ne peuvent réagir ni à l'ultra-violet, ni à l'infra-rouge, et cette expérience toute simple suffit à prouver que les Abeilles voient les couleurs.

L'importance des couleurs des fleurs pour les Abeilles a été étudiée dans un certain nombre de cas. Knoll, par exemple, a noté qu'en visitant les fleurs jaunes de l'*Helianthemum*, des Abeilles se posaient aussi de temps en temps sur d'autres fleurs jaunes. Il arracha aux hélianthèmes leurs pétales jaunes, laissant intact le reste des fleurs, avec le miel et le pollen ; les Abeilles ignorèrent alors ces fleurs. Puis il leur rendit leur aspect primitif en leur fixant des pétales de papier jaune, et les Abeilles s'y rendirent comme auparavant. Des expériences similaires ont été faites avec une variété de Bombyle et les fleurs bleues du Muscari ; on plaça parmi les fleurs une sorte de damier fait de petits carrés de papier de diverses couleurs et de diverses nuances de gris : les mouches se posèrent sur les carrés bleus, mais sur aucune des autres couleurs, ni sur le gris (fig. 55).

De nombreuses plantes ont, autour de leurs fleurs, des feuilles colorées qui, bien que ne faisant pas partie des fleurs à proprement parler, contribuent beaucoup à les rendre visibles. La *Salvia horminum*, fleur annuelle courante dans les jardins, et originaire des pays médi-

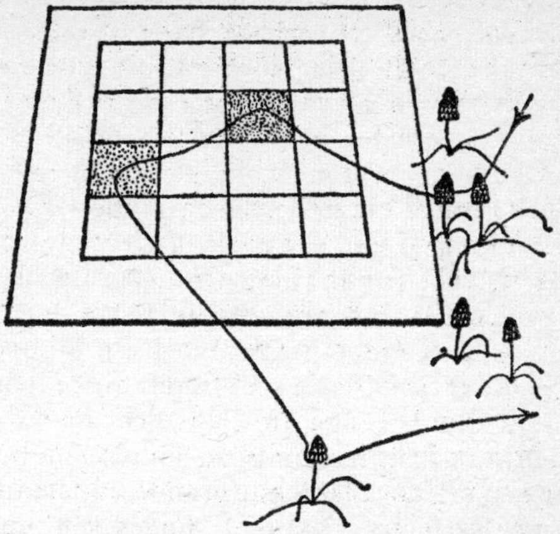

Fig. 55. — Vol d'un Bombyle (*Bombylius*) en direction de Muscaris et de papiers bleus (*d'après Knoll, 1926*).

terranéens, a une « couronne » de feuilles d'un violet profond qui sont en fait bien plus visibles que les fleurs, lesquelles sont petites et mauve pâle. Les insectes de ces pays réagissent d'abord à la brillante couronne, et ensuite seulement descendent dans la fleur. Knoll a également observé que les Abeilles de Prague, où cette plante ne se trouve que dans les jardins botaniques, ne savaient tout d'abord pas où trouver les fleurs et, après avoir été attirées par la couronne, fouillaient longuement parmi les feuilles avant de tomber, par hasard, sur les fleurs (fig. 56).

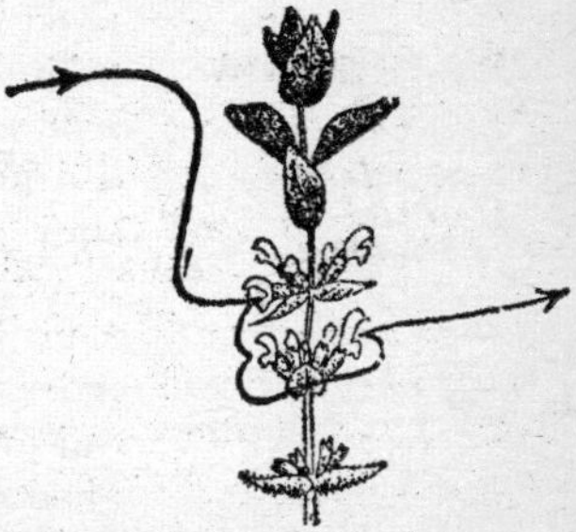

Fig. 56. — Vol d'une Abeille attirée par la « couronne » de feuilles violettes de la *Salvia horminum* (*d'après Knoll, 1926*).

On obtient un résultat inattendu quand on réalise

l'expérience du damier, décrite plus haut, avec des insectes qui hantent le Coquelicot. Les Bourdons, par exemple, s'ils sont manifestement attirés par les fleurs du Coquelicot, ne s'approchent pas des papiers rouges qu'on leur présente. Cela vient du fait que les insectes ne réagissent pas à la couleur de cette fleur ; en fait, la plupart des insectes ne sont pas sensibles au rouge, et quand on leur en montre, ils ne voient que du noir. Pour eux, le rouge est de l' « infra-jaune ». Ces insectes réagissent à un tout autre type de lumière : l'ultra-violet, lequel est réfléchi par le Coquelicot. Non seulement les insectes voient la lumière ultra-violette bien au-delà des limites de notre spectre, mais ils la distinguent comme couleur différente de toute autre couleur. Il semble donc que le rouge du Coquelicot ne soit pas une adaptation aux insectes, mais un simple épiphénomène, alors que son ultra-violet a une grande importance. Dans notre flore, les fleurs vraiment rouges sont rarissimes. La plupart sont en réalité pourpres, ou ont un mélange de rouge et de bleu, et c'est au bleu de ces fleurs que les insectes réagissent.

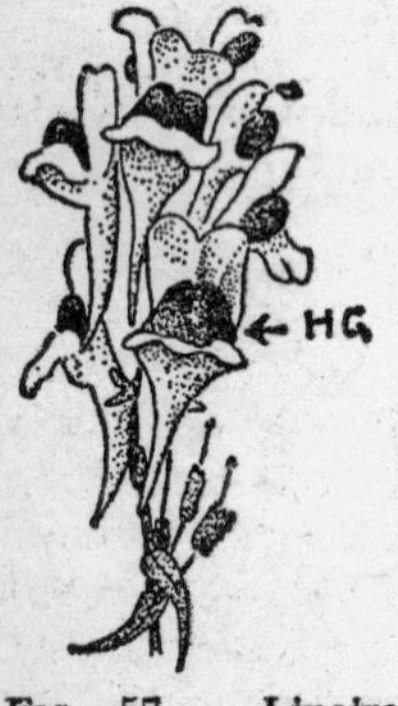

FIG. 57. — Linaire et son guide à miel (HG) orange (*d'après Knoll, 1926*).

Les fleurs vraiment rouges se rencontrent dans les régions où la pollinisation est faite par les oiseaux ; ainsi, beaucoup des fleurs d'Amérique hantées par les Colibris sont rouge flamme. Les plantes de nos régions présentent une adaptation similaire aux oiseaux : les baies mangées par les oiseaux, et qui ont probablement besoin d'être ainsi traitées pour germer, sont souvent d'un rouge brillant.

Beaucoup de fleurs ont ce qu'on appelle des guides à miel, des dessins de points ou de lignes, disposés comme pour diriger vers le centre. Dans certains cas, on a pu prouver la réalité de cette fonction. La Linaire (*Linaria vulgaris*) a sur la lèvre inférieure une tache d'un orange profond (fig. 57), qui se trouve juste sous l'entrée de la fleur. Le Sphynx Macroglosse, l'une des espèces qui ont la trompe assez longue pour aller chercher le miel au fond des fleurs, dirige le bout de sa langue exactement sur cette tache orange, et trouve ainsi l'entrée. Knoll et Kugler ont observé, au moyen d'expériences à l'aide de fleurs artificielles (fig. 58), des réactions à un autre type de guide à miel, celui qui a des bandes très apparentes, rayonnant autour du centre de la fleur.

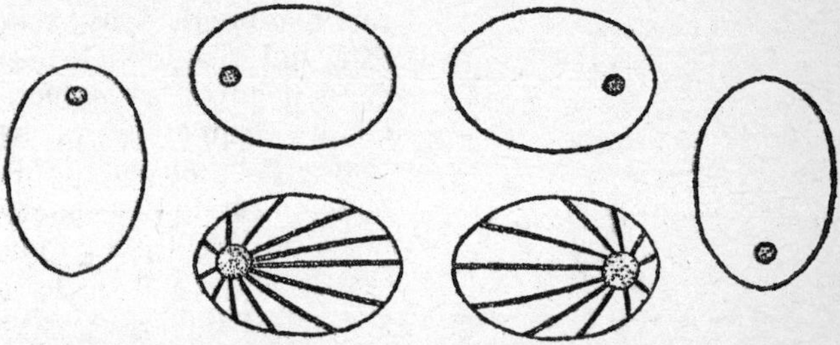

Fig. 58. — Fleurs artificielles avec guides à miel ; les Macroglosses passant par là étaient attirés par les taches circulaires (*d'après Knoll, 1926*).

Bien entendu, ce n'est pas seulement la couleur des fleurs qui attire les insectes : l'odeur joue aussi un rôle. La façon dont les insectes utilisent l'odeur des fleurs varie d'une espèce à l'autre. Il semble que les Abeilles et les Bourdons soient d'abord attirés par la couleur. Il est facile de les faire venir sur des morceaux de papier coloré. Toutefois, bien qu'ils les inspectent, ils s'y posent rarement et s'en détournent à 1 cm environ de distance. Mais ils se posent si la fleur de papier possède l'odeur de la fleur réelle. Pour ces insectes, l'odeur n'est qu'un moyen de vérifier au dernier moment l'identité de la fleur.

On a montré que certains papillons réagissaient d'une autre façon aux odeurs. Ils réagissent à des odeurs, de diverses natures, non pas en volant vers leur source, mais en remarquant des objets colorés (surtout jaunes et bleus). L'odeur ne fait que provoquer leurs réactions visuelles, mais ne les dirige pas vers les fleurs. Le parfum violent de beaucoup de fleurs s'ouvrant au crépuscule a une fonction différente encore : il attire effectivement les papillons de nuit depuis une certaine distance. J'ai vu la chose démontrée de façon frappante par des fleurs de Chèvrefeuille que j'avais cachées, grâce à un système de fentes, dans une boîte de bois. Les fleurs étaient au centre de la boîte, invisibles de l'extérieur, et à travers les fentes, le parfum pouvait se répandre librement. Au crépuscule, cette installation fut visitée par un certain nombre de Sphynx du Pin, qui réagirent à mes fleurs depuis des distances allant jusqu'à 10 m. Ils tournèrent autour de la boîte en rond et en zigzag, et ne tardèrent pas à trouver le moyen d'y entrer (fig. 59). Knoll, qui a étudié les réactions visuelles de divers sphynx, a constaté qu'ils réagissaient aussi aux couleurs des fleurs; ils peuvent les distinguer même quand il fait déjà si sombre que l'œil humain ne voit plus de couleurs.

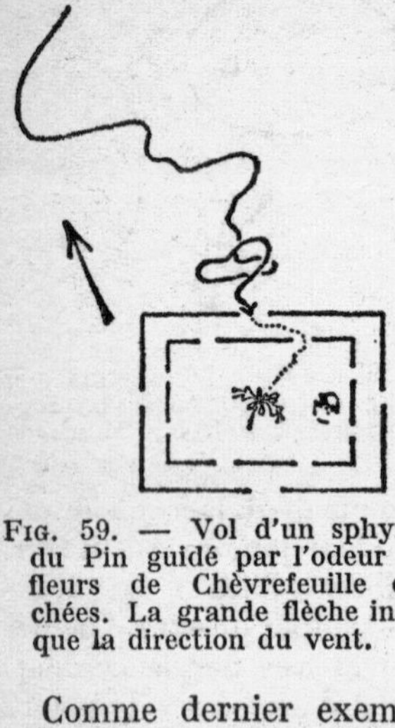

Fig. 59. — Vol d'un sphynx du Pin guidé par l'odeur de fleurs de Chèvrefeuille cachées. La grande flèche indique la direction du vent.

Comme dernier exemple des nombreuses relations possibles entre fleurs et insectes, mentionnons les fleurs-trappes. L'exemple le plus connu, dans la flore européenne, en est l'*Arum maculatum*[39]. Chacune des « fleurs » de cet Arum est en réalité une inflorescence, enveloppée dans une sorte de large feuille, la spathe. Le sommet de l'inflorescence porte un bâtonnet qui dispense un parfum attirant de nombreux insectes de toutes sortes (fig. 60). Quand ceux-ci se posent soit sur le bâtonnet, soit sur l'intérieur de la spathe, ils tombent immédiatement dans la cavité de la fleur, car le bâtonnet et la spathe sont très glissants. Le goulot qui se trouve à l'entrée de la cavité comporte une couronne de poils, qui arrête les gros insectes et leur permet de se sauver, mais laisse tomber les petits : la paroi glissante de la cavité, et les poils, également glissants, les empêchent de s'en aller. La seule chose qu'ils puissent faire est de marcher indéfiniment sur le pourtour de l'inflorescence. Pendant le premier jour, les fleurs mâles sont fermées, mais les fleurs femelles ouvertes, et prêtes à être pollinisées. Comme les visiteurs ne sont gardés en captivité qu'un seul jour, et qu'ils volent d'Arum en Arum, il y a des chances pour que beaucoup d'entre eux soient déjà porteurs de pollen d'Arum. Dès que les fleurs femelles sont fertilisées, les cellules de la paroi se contractent, la paroi cesse d'être glissante, et tous les insectes peuvent se sauver. Mais, avant que cela ne se produise, les fleurs mâles s'ouvrent, et, en se sauvant, les insectes se couvrent de pollen. Ils en fécondent l'Arum qu'ils visitent ensuite.

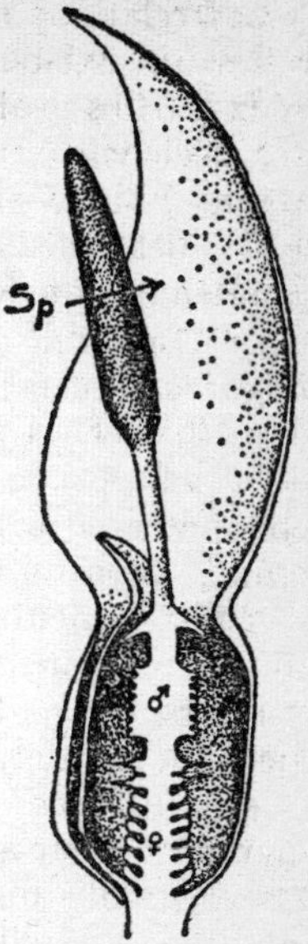

Fig. 60. — Coupe longitudinale d'une inflorescence d'*Arum maculatum*, montrant les fleurs mâle et femelle dans la « trappe », et la spathe (*d'après Knoll, 1926*).

Nous voyons donc que les plantes ont produit de nombreux « trucs » destinés à attirer et guider les insectes pollinisateurs. Beaucoup d'insectes ont des réactions innées à ces procédés. On le sait, par exemple, à propos des réactions des Bourdons et des Sphynx aux couleurs, et la chose est probable dans de nombreux autres cas. Néanmoins, on sait aussi que les Abeilles, les Bourdons et d'autres insectes apprennent à se spécialiser tantôt dans telle plante, tantôt dans telle autre. On ne sait pas, dans ces cas, quelle est la proportion exacte de réaction innée et d'apprentissage (par des moyens divers), et il reste beaucoup à étudier dans ce domaine.

Ces relations entre espèces sont réciproques, comme celles qui existent à l'intérieur de chaque espèce. Les deux parties profitent de la coopération. Il y a toutefois des déclencheurs entre espèces, propres à des relations à sens unique et, comme ces déclencheurs présentent à bien des égards un grand intérêt, nous en examinerons rapidement quelques-uns.

Les Lophiidés, groupe de poissons parmi lesquels le *Lophius piscatorius* (Baudroie commune) se rencontre dans la Mer du Nord, ont inventé un signal qui attire, pour leur perte, les poissons plus petits. La Baudroie elle-même se camoufle soigneusement. Au sommet du crâne, elle a un « appât » qui imite, quant à la taille et aux mouvements, les animaux qui, chez les petits poissons, provoquent la réaction de nourriture. Quand ces derniers arrivent à portée de l'appât, et avant qu'ils aient pu l'avaler, la Baudroie ouvre son immense bouche et engloutit ses victimes [116]. Ainsi, la Baudroie a inventé un déclencheur adapté à la sensibilité particulière de ses proies, tandis que les proies ne se sont assurément pas adaptées à réagir à la Baudroie !

Un cas similaire se rencontre chez certaines Orchidées, en particulier dans l'espèce *Ophrys*, dont les fleurs ressemblent à certains insectes. Les mâles de ces insectes réagissent aux fleurs, non pas pour se nourrir, mais dans l'espoir de s'accoupler ; comme leur activité sexuelle est une réaction aux formes et aux couleurs, et (d'après ce que nous savons) à cela exclusivement, ils sont séduits par les fleurs. Dans leur tentative d'accouplement, ils fécondent les fleurs [4]. Là encore, l'adaptation n'est pas réciproque.

Il est probable que les procédés dit de déflection, utilisés par certains animaux, sont de tels déclencheurs à sens unique. Chez plusieurs poissons, l'œil (caractéristique essentielle de la tête) est caché par des artifices comme une bande noire en travers de cette région. A l'autre bout du corps, il y a une tache ronde et noire bien visible. Un poisson des Tropiques, le *Chaetodon capistratus*, a la curieuse habitude de nager très lentement, la queue en avant ; quand il est ennuyé par un prédateur, il se sauve rapidement dans la direction opposée [13]. Il se peut que le prédateur, réagissant au mouvement initial et à la tache-œil, attrape la queue, ce qui l'empêche de bien tenir le poisson (fig. 61). Cott mentionne d'autres exemples de ces procédés de déflection ; et, bien que je croie que, dans plusieurs de ces cas, la tache de la queue puisse être un déclencheur social à l'usage de l'espèce, il n'est guère douteux que la fonction déflective existe. Il serait fort intéressant de faire quelques expériences à ce sujet.

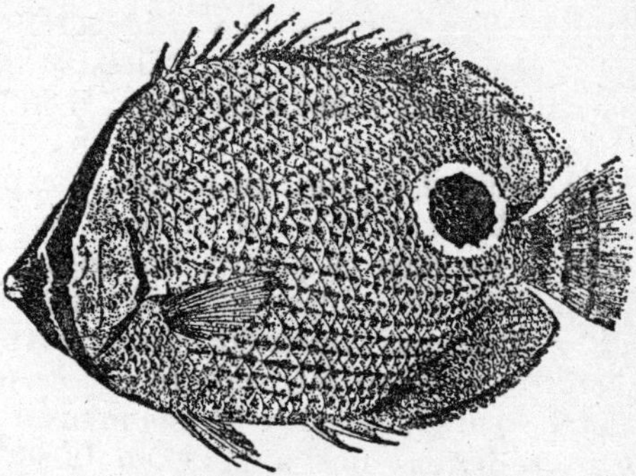

Fig. 61. — *Chaetodon capistratus* et son « œil » (*d'après Cott, 1940*).

Autre catégorie de couleurs apparentes : les couleurs dites d'avertissement. Comme celle des fleurs, leur fonction est de provoquer une réaction chez des animaux d'autres espèces. La différence est que, loin d'attirer ces animaux, elles les repoussent en provoquant la fuite ou la simple retraite. Elles visent les prédateurs. Là encore, nous avons affaire à une relation à sens unique, car il n'est pas dans l'intérêt du prédateur de se retirer.

A l'intérieur de cette catégorie, nous devons faire le départ entre deux types entièrement différents. Dans l'un, les couleurs n'ont aucune action sur le prédateur avant qu'il ait appris qu'elles sont un mauvais présage. Dans l'autre, le prédateur est effrayé par une manifestation soudaine, et les animaux qui utilisent ce type de défense ne font que « bluffer », car généralement ils sont parfaitement inoffensifs, et d'ailleurs comestibles. Plusieurs auteurs parlent, dans le premier cas, de « vraies couleurs d'avertissement », et dans le second, de « fausses couleurs d'avertissement ».

Divers papillons de jour et de nuit déploient de belles « fausses couleurs d'avertissement ». Le Sphynx ocellé, par exemple, a sur les ailes postérieures une tache brillamment colorée, qui ressemble beaucoup à l'œil d'un vertébré. Pendant la journée, ce papillon dort. Il est alors entièrement camouflé, et les ailes postérieures sont parfaitement cachées sous les ailes antérieures. Quand on le touche, et en particulier quand il est heurté par un objet pointu, comme le bec d'un oiseau, il étale brusquement ses ailes, exhibant ainsi les ailes postérieures, qu'il remue lentement d'avant en arrière. L'expérience a montré que cette manifestation effrayait les oiseaux, qui laissaient le papillon en paix [77]. Par contre, si l'on enlevait au pinceau les couleurs des ailes postérieures, l'exhibition ne faisait pas le moindre effet sur les oiseaux, et le malheureux papillon était dévoré séance tenante. Dans le monde entier, il existe de nombreuses espèces d'insectes qui se livrent ainsi à une exhibition soudaine de couleurs voyantes. On a démontré que leur fonction dépendait entièrement de cette soudaineté : si l'on présente ces insectes à des oiseaux sur un plateau, en s'arrangeant pour que les couleurs d'avertissement soient bien visibles, les insectes sont mangés ; il semble que la plupart de ces espèces, sinon toutes, soient parfaitement comestibles.

Nous serions entraînés trop loin si nous voulions énumérer tous les types de couleurs d'avertissement ; il existe d'ailleurs plusieurs ouvrages qui en traitent plus particulièrement [13, 72]. Rappelons seulement que beaucoup de ces dessins ressemblent à des yeux. Ce n'est certainement pas là un hasard ; non seulement l'œil est quelque chose de très voyant (au point que les animaux cryptiques ont imaginé de nombreuses façons de le cacher), mais plusieurs espèces (parmi lesquelles les oiseaux peut-être plus spécialement) semblent facilement effrayées à la vue d'une paire d'yeux les fixant de tout près.

Alors que de nombreuses expériences ont été faites sur la fonction des couleurs chez les fleurs, sur la coloration cryptique et sur les vraies couleurs d'avertissement, l'étude expérimentale des fausses couleurs d'avertissement a été gravement négligée. Presque toutes les preuves apportées jusqu'ici en faveur de leur existence sont mentionnées incidemment, et ne sont guère concluantes ; ici aussi, il y a un champ de recherches fort attirant et pratiquement vierge.

Les vraies couleurs d'avertissement exercent leur action d'une façon différente. Elles ne sont jamais cachées ; l'exhibition est donc permanente. La Guêpe commune en est un bon exemple [65]. Quand un oiseau chanteur, par exemple un Rossignol de muraille, rencontre une Guêpe pour la première fois de sa vie, il la capture. Parfois (mais la chose est relativement rare), la guêpe trouve le moyen de piquer l'oiseau. Alors, l'oiseau la laisse partir, et montre par toute une mimique que la piqûre lui déplaît fort : il secoue la tête et se nettoie le bec. De toute façon, il ne s'intéresse plus à la Guêpe. Mais habituellement, la Guêpe ne pique pas : elle est tuée avant de pouvoir le faire. L'oiseau peut alors constater que la Guêpe a mauvais goût : il ne la finit pas, et s'il l'a mangée, il la restitue souvent. Mostler a montré que la plupart des oiseaux chanteurs ont assez d'une ou deux expériences de ce genre pour apprendre à ne pas toucher aux guêpes. Il est évident que c'est à la couleur qu'ils reconnaissent ces insectes peu appétissants : à partir de cet instant, en effet, l'oiseau évite non seulement les Guêpes, mais aussi tous les insectes présentant les mêmes couleurs. Ce type de coloration n'agit donc pas sur les réactions innées du prédateur, mais sert à le conditionner en vue d'une réaction de dégoût. La même chose est vraie des bandes noires et jaunes de la larve d'une certaine Euchélie (*Euchelia jacobaeae*). Windecker [117] a montré qu'elles aussi sont goûtées par tous les oiseaux jeunes. Elles ont mauvais goût à cause d'une certaine propriété de leur peau, et plus spécialement de leurs poils. Pour le démontrer, Windecker mélangea à des Vers de farine diverses parties de ces chenilles. Quand le mélange était à base d'entrailles, aucun oiseau ne le refusait. Mais dès qu'il y avait de la peau, les oiseaux refusaient les Vers de farine, avec tous les signes d'un profond dégoût, dès qu'ils y avaient goûté. Le même chercheur trouva le moyen de raser un grand nombre de Chenilles et mélangea les poils ainsi obtenus à des Vers de farine. Ce fut suffisant pour que les oiseaux les refusent.

Le mimétisme dit protecteur est étroitement apparenté à ce type de coloration. Il est le fait d'animaux qui, eux-mêmes comestibles, prennent les couleurs d'une espèce mauvaise. En conséquence, ils sont refusés par ceux des prédateurs qui ont fait des expériences désagréables avec leur « modèle ». Formulée il y a longtemps par Bates, cette hypothèse a fait l'objet d'une belle confirmation expérimentale par Mostler. Des oiseaux inexpérimentés mangeaient les Bombyles, lesquels imitent les Guêpes, les Abeilles ou les Bourdons ; mais dès que ces oiseaux avaient appris à éviter les Guêpes, les Abeilles et les Bourdons (mais pas avant !), ils laissaient leurs imitateurs en paix.

Il existe aussi des espèces qui s'imitent réciproquement. Windecker a montré que des oiseaux qui ont appris à ne pas manger les larves d'Euchélie évitent les guêpes sans avoir besoin d'autre expérience. Ainsi, certaines espèces peuvent, pour ainsi dire, mettre au compte d'autres espèces la « taxe » qu'elles ont à payer pour l'« éducation » des prédateurs. Ce mimétisme réciproque est dit mimétisme müllérien ; à notre connaissance, les travaux de Windecker sont la première preuve expérimentale de son existence.

ESPÈCES ÉVITANT LES RÉACTIONS

Examinons maintenant la seconde catégorie d'adaptations visuelles entre espèces différentes, celle qui sert à éviter d'attirer l'attention. Elle comprend tous les types de camouflage. Les animaux camouflés font l'impossible pour ne fournir aucun stimulus risquant de provoquer des réactions de la part des prédateurs. Ils ont adopté l'opposé diamétral du déclencheur visuel. En étudiant avec soin ces éléments négatifs, on obtient une confirmation de ce qui avait été trouvé en étudiant les déclencheurs visuels, au sujet des stimuli auxquels les animaux réagissent le plus facilement. Alors que les déclencheurs sont généralement rendus plus visibles par le mouvement, les animaux camouflés évitent autant que possible de bouger. Alors que les déclencheurs tranchent sur le milieu, par la couleur et même la nuance, les animaux camouflés adoptent la teinte de leur milieu. Alors que les déclencheurs présentent des dessins simples, les animaux camouflés rendent leur silhouette méconnaissable et ont des dessins qui les fondent dans le paysage. Alors que les types les plus spécialisés de couleurs d'avertissement sont les taches en forme d'œil, les animaux camouflés cachent leurs yeux. Ici encore, nous devrons renoncer à multiplier les exemples, et renvoyer le lecteur à l'ouvrage de Cott sur les couleurs d'adaptation [13].

Les preuves expérimentales ne manquent pas qui tendent à montrer que ces procédés cryptiques rendent les animaux intéressés moins visibles non seulement à l'œil humain, mais aussi à celui de leurs prédateurs naturels. Une série fort convaincante d'expériences semblables a été réalisée par Sumner [85-87] sur le poisson *Gambusia*, qui peut changer lentement de couleur, au point de se confondre avec le paysage. Dans de gros aquariums, il présenta deux groupes de poissons (les uns ayant adapté leur couleur, les autres n'ayant pas eu le temps de le faire) à des prédateurs de types divers : des Hérons (qui chassent d'en haut), des Pingouins (qui chassent sous l'eau) et des poissons de proie ; dans tous ces cas, il constata que les poissons les plus visibles étaient capturés en bien plus grand nombre que ceux qui étaient camouflés. Dice [19] offrit à des Hiboux des Souris de diverses teintes (certaines se confondant par conséquent, plus que d'autres, avec le sol), et constata que les Hiboux capturaient effectivement d'abord les Souris les moins bien camouflées. Ces expériences, et la plupart des autres dans ce domaine, portent sur la ressemblance générale entre la couleur de l'animal et celle de l'arrière-plan. Il reste beaucoup de travail à faire sur les autres aspects du camouflage : silhouettes brisées, yeux cachés, ombres compensées, etc.

Si brève soit-elle, cette énumération suffira à montrer que les déclencheurs ne servent pas uniquement à établir des relations sociales entre animaux de la même espèce mais aussi à créer des rapports entre espèces. Ils servent toujours à provoquer, chez le réacteur, un comportement utile à l'acteur. Leurs principales caractéristiques, la visibilité et la simplicité, se trouvent à la fois dans les variétés à l'intérieur d'une même espèce et entre espèces différentes. En revanche, la spécificité ne se trouve que chez certains des déclencheurs entre espèces différentes ; elle semble parfaitement inutile, par exemple, dans les divers types de couleurs d'avertissement.

7 CROISSANCE DES ORGANISATIONS SOCIALES

DIFFÉRENCIATION ET INTÉGRATION

Les rapports entre un animal, disons un oiseau, et ses petits commencent d'une façon fondamentalement identique à ceux qui existent entre un individu et l'un de ses organes. Au début, le petit n'est qu'une cellule — l'ovule — dans le corps de la mère, plus exactement dans son ovaire. Dès que l'ovule a été fécondé, il se met à se diviser et à se différencier. Grâce à plusieurs phénomènes complexes, le corps de la mère le nourrit et crée des structures de soutien et de protection ; ainsi, cette cellule devient un tout plus ou moins isolé, l'œuf. Quand l'œuf quitte le corps de la mère, il dépend beaucoup moins d'elle que jusqu'alors : ce n'est plus elle qui lui fournit la nourriture ni l'oxygène. Il n'est pourtant pas complètement indépendant : il faut que la mère le couve. La différenciation se poursuit ; certains groupes de cellules forment la peau, d'autres le tube digestif, d'autres encore le cerveau, etc.

Quand l'œuf éclot, les rapports entre lui et sa mère changent brusquement. Certes, la couvaison reste nécessaire, du moins au début, mais les œufs ne sont plus déplacés, et des relations nouvelles apparaissent : l'adulte nourrit les petits, déblaie le nid, etc. En outre, le petit oiseau se met à réagir aux appels et aux avertissements. Ces nouvelles relations ne sont ni moins réelles, ni moins vitales que les anciennes, mais souvent, plus difficiles à détecter. Abstraction faite de légères modifications, elles se poursuivent jusqu'à ce que le petit soit complètement indépendant. Dans certaines espèces, cela est provoqué par une cessation d'intérêt, tantôt de la part des parents, tantôt de la part des petits (habituellement, des deux simultanément). Souvent, les adultes prennent l'initiative en chassant violemment la portée ; c'est ce qui arrive quand les parents inaugurent un nouveau cycle de reproduction. Dans d'autres cas, le lien entre adultes et enfants devient peu à peu celui qui existe entre simples congénères : la famille devient un troupeau.

Ce type de communauté commence donc sous la forme de rapports entre un individu et l'un de ses organes, pour finir par être des rapports entre individus. Cette évolution est caractérisée par une indépendance croissante de l'organe, ainsi que par sa différenciation croissante. Une communauté est issue d'un individu par un prolongement de la différenciation de ses organes. Cette différenciation peut aboutir à des sociétés extrêmement complexes, comme les « états » d'insectes sociaux. Nous en examinerons quelques exemples, en commençant par les relations, assez simples, entre la mère et sa progéniture, pour passer ensuite aux types plus complexes.

La plupart des états d'insectes ont pour origine une femelle fécondée. Beaucoup d'insectes abandonnent leurs œufs dès qu'ils sont pondus, et la « communauté » ne va jamais plus loin que les relations entre l'individu et l'organe. Mais beaucoup d'Abeilles et de Guêpes continuent à s'occuper de leurs œufs après la ponte, et même des larves, quand elles sont écloses. Certaines Guêpes solitaires, par exemple, comme l'*Ammophila adriaansei* (fig. 62), non seulement fournissent comme nourriture à la larve une proie paralysée (ce que font la plupart des Ammophiles), mais apportent d'autres nourritures quand la larve a mangé sa provision. Quand elle se met à tisser un cocon, sa mère la quitte ; celle-ci meurt bien avant qu'aucun de ses rejetons n'éclose.

Parmi les apiaires « solitaires », certaines espèces ont atteint un niveau d'organisation sociale supérieur à celui de ces Ammophiles. Le *Halictus quadricinctus*, une abeille à terriers, par exemple, ne se contente pas de fournir aux œufs une provision de miel et de pollen : il reste dans le terrier jusqu'à ce que les larves aient éclos ; il s'associe alors à sa progéniture. Celle-ci ne quitte pas le terrier, mais l'agrandit, y pond, et s'occupe des œufs. Chaque insecte apporte à manger à ses propres larves, ainsi qu'aux autres. Mais la dernière génération de l'automne n'a pas les mêmes dispositions : elle quitte le nid et les individus s'éparpillent. Ils hibernent chacun de leur côté, et ceux qui survivent fondent, au printemps suivant, une nouvelle « famille ».

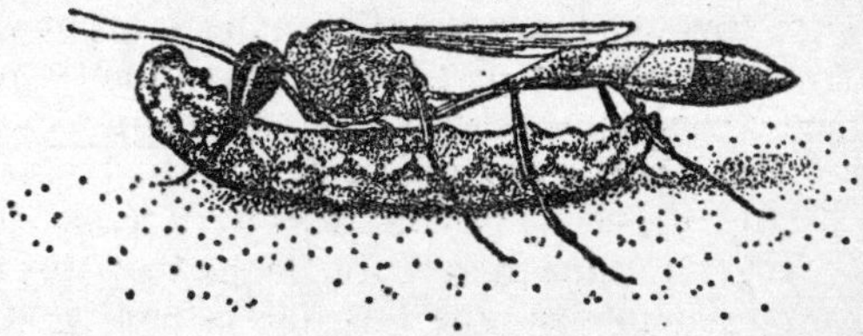

FIG. 62. — La Guêpe *Ammophila adriaansei* et sa proie (*d'après Baerends, 1941*).

Les Bourdons ont franchi un autre pas, très important, dans le domaine de l'organisation sociale. La communauté de Bourdons est, elle aussi, fondée par une femelle, la « reine ». La reine entretient d'étroits contacts avec ses descendants ; il arrive qu'elle ouvre les cellules dans lesquelles les larves grandissent, et renouvelle leurs provisions. Toutes les premières larves donnent des femelles. Ces premières femelles ont les ovaires atrophiés et sont stériles. Ce sont des « ouvrières ». Dès lors, la reine devient plus ou moins une machine à pondre. Les ouvrières font tout le reste : construisent de nouvelles cellules, s'envolent chercher à manger, et nourrissent la reine et ses enfants. Dans une communauté de Bourdons, il y a donc une division du travail entre individus. A la fin de l'été, les œufs produisent des femelles plus parfaites, ainsi que des mâles. Ces individus s'accouplent et, en automne, la grande famille se disperse. Tout le monde meurt, sauf les femelles qui viennent d'être fécondées. Ces reines en puissance hibernent, tantôt isolément, tantôt en groupe dans les anciens nids, mais, au printemps suivant, chacune d'elle commence la longue quête d'un nouvel abri où fonder une communauté.

Les apiaires sociaux, parmi lesquels l'Abeille est le plus connu, vont plus loin encore. Tout d'abord, la division du travail est poussée à un degré extrême [76]. Comme chez les Bourdons, il y a une reine, des femelles stériles ou ouvrières, et des mâles. Les ouvrières ont des tâches très variées. Certaines récoltent du miel, d'autres du pollen. D'autres encore ne font que construire de nouveaux rayons, d'autres enfin se spécialisent dans les devoirs parentaux. La division du travail est une question d'âge : chaque ouvrière occupe ces emplois successivement. Peu après avoir quitté sa cellule, l'ouvrière se met à nettoyer les cellules dont des ouvrières sont sorties récemment. La reine n'accepte de mettre un nouvel œuf dans la cellule qu'une fois que celle-ci a été ainsi nettoyée. Après avoir accompli ce travail sans répit pendant trois jours environ, l'ouvrière se met à nourrir les larves, en particulier les plus anciennes. Pour cela, elle va chercher du miel et du pollen dans les réserves. Au bout de trois autres jours, elle se met à nourrir également les jeunes larves. Celles-ci reçoivent une nourriture différente ; outre le miel et le pollen, elles reçoivent une sorte de « lait », nourriture très digeste sécrétée par des glandes spéciales qui se trouvent dans la tête de l'ouvrière. En outre, les ouvrières de cet âge se risquent pour la première fois dehors ; elles font de courts vols de reconnaissance, mais sans recueillir encore ni miel ni pollen. A l'âge de dix jours, l'ouvrière abandonne son travail antérieur ; les petits ne l'intéressent plus, et elle se lance dans diverses tâches ménagères, comme de prendre le miel des pattes des butineuses qui arrivent, le déposer dans les cellules ou l'offrir à d'autres abeilles ; elle tasse le pollen apporté par les butineuses dans les cellules à pollen, construit de nouvelles cellules à partir de la cire sécrétée par sa glande séricifère, et fait disparaître les abeilles mortes et les déchets. Le 20e jour de sa vie, elle devient garde : elle se poste à l'entrée de la ruche et inspecte toute abeille qui arrive. Il y a 20 ou 30 de ces gardes en service simultanément, qui attaquent et repoussent tout intrus. Mais ces abeilles ne restent pas longtemps gardes ; elles ne tardent pas, en effet, à devenir des butineuses, qui parcourent la campagne et recueillent du miel et du pollen ; telle est leur activité jusqu'à leur mort. La division du travail se prolonge parmi les ouvrières : certaines d'entre elles sont des « éclaireuses » et partent chercher de nouvelles plantes quand les espèces sur lesquelles la ruche se nourrissait depuis quelque temps commencent à tarir ; par leurs « danses », elles indiquent la nature, la direction et la distance de toute source de nourriture qu'elles découvrent.

La communauté d'Abeilles diffère aussi de la communauté de Bourdons par le fait qu'elle ne se désintègre pas en automne. Si personne n'intervient, elle subsiste d'année en année. Ainsi, la communauté existe plus longtemps que tous les individus qui la composent, et c'est pour cela que ces communautés sont appelées « états ». Un nouvel état n'est pas fondé par une reine solitaire, mais par un « essaim », composé d'une reine et d'ouvrières de toutes les classes. L'état d'origine, qui a une seule reine, se divise juste avant la naissance d'une autre reine ; la précédente part avec l'essaim pour un nouvel emplacement. Plus avant dans la saison, il arrive que d'autres essaims quittent la ruche, chacun conduit par une jeune reine. Les nouveaux états naissent donc par un processus qui rappelle la mitose. Dans les deux cas, les organismes produits doivent, après avoir acquis l'indépendance, croître par leurs propres efforts.

Chez les Fourmis, dont toutes les espèces sont sociales, une colonie nouvelle peut être fondée de plusieurs façons. Chez de nombreuses espèces, les femelles fécondées s'installent et se mettent à pondre des œufs d'où sortiront les premières ouvrières de la colonie. Dans d'autres espèces, les reines ne peuvent vivre seules et doivent obtenir l'aide d'un certain nombre d'ouvrières. Dans certaines de ces espèces, la reine quitte le nid en compagnie d'une grande suite ; dans d'autres, elle pénètre dans un nid de son espèce et en chasse la reine légitime. Il arrive que les reines de certaines de ces espèces pénètrent dans le nid d'une autre espèce, tuent toutes les Fourmis adultes et adoptent leurs œufs et leurs larves ; d'où le curieux phénomène de l' « esclavage ». Dans d'autres espèces encore, il arrive qu'un nid ait plusieurs reines ; de temps en temps, l'une d'elles s'en va avec un groupe d'ouvrières et fonde une nouvelle colonie.

Bien qu'elles présentent de surprenantes similitudes avec celles des Fourmis, les communautés de Termites ne sont pas issues d'une famille matriarcale, mais d'un couple et de sa descendance. Mâles et femelles ont des rôles égaux : il existe un « couple royal » (fig. 63) ; parmi les ouvriers, on trouve des mâles et des femelles en nombre égal. Les uns et les autres sont stériles. De temps en temps éclosent des mâles et des femelles ailés, qui quittent la termitière en un immense essaim. Après avoir essaimé, ils perdent leurs ailes, et des couples se forment sur le sol, où les femelles attirent les mâles grâce à une glande spéciale, qui répand une certaine odeur. Les membres de ces couples ne sont pas encore parvenus à la maturité sexuelle ; ils ne s'accouplent pas, mais commencent par creuser un trou, qui représente les fondements d'une nouvelle termitière et qui abritera leur future descendance. Au bout d'un certain temps, ces couples s'unissent et produisent des œufs. Les larves des Termites ne sont pas aussi dépendantes que celles des abeilles ou des fourmis ; elles participent aux activités de la colonie. Peu à peu, elles deviennent des ouvriers adultes et se subdivisent en plusieurs « castes ».

Fig. 63. — « Roi » (*à gauche*) et « reine » (*à droite*) de termites.

On a montré récemment qu'il existait encore une autre façon de fonder des colonies, comparable aux méthodes de certaines fourmis mentionnées plus haut. Grassé et Noirot [28] ont observé d'épaisses colonnes sortant d'une termitière et franchissant une certaine distance pour fonder de nouvelles termitières. L'une de ces colonnes comportait le couple royal. Toutes les castes étaient représentées dans les colonnes, même les individus ailés. Dans les couples qui ne contenaient pas le couple royal, des « reproducteurs de remplacement » apparurent par « néoténie », les larves devenant sexuellement mûres avant le temps. Grassé a appelé « sociotomie » cette méthode consistant, pour une société, à se scinder en filiales équivalentes.

Outre la sociotomie, qui, strictement parlant, n'est pas un mode d'apparition de sociétés nouvelles, tous les exemples discutés jusqu'ici montrent l'apparition d'une communauté par différenciation de la relation mère-œuf ; chez les termites, le père est aussi accueilli dans l'état. Ce type d'origine pourrait donc être appelé « croissance » ou « différenciation ».

Tous les types d'organisation sociale ne commencent pas de la sorte. Bien des communautés sont formées par des individus indépendants qui se rencontrent et s'associent, ce qui leur fait perdre leur indépendance.

Cela se produit, par exemple, quand le mâle et la femelle forment un couple, et quand des Étourneaux constituent une compagnie. Des liens se forment, qui n'existaient pas jusque-là. Ce type de formation d'une communauté pourrait être appelé « construction » ou « intégration ». Ces deux processus, la différenciation et l'intégration, vont en des sens opposés ; avec la première, la dépendance totale de l'un des partenaires fait place à un état de coopération mutuelle ; avec la seconde, la coopération mutuelle remplace une indépendance totale.

L'ÉTABLISSEMENT DE LIENS SOCIAUX

Dans ces deux types, comment la coopération apparaît-elle, comment les relations sociales sont-elles créées ? Nous avons vu que la coopération était assurée par un système d'activités innées de l'acteur et, chez le réacteur, de réactions (généralement innées) au comportement de l'acteur. Le fonctionnement satisfaisant de ces éléments de comportement est habituellement assuré par une « préparation ». Un oiseau manifeste la tendance à couver des œufs *avant* de les avoir pondus. Le désir de nourrir des petits est là *avant* qu'ils ne soient éclos. Ces tendances restent généralement latentes jusqu'à ce que les objets extérieurs auxquels elles ont réagi soient apparus et fournissent les stimuli nécessaires. Dans des conditions anormales, et même parfois dans des conditions normales, elles produisent néanmoins le comportement correspondant en l'absence de ces objets. Bien des oiseaux, par exemple, commencent à s'asseoir dans le nid avant d'avoir pondu. Ce qui mûrit chez l'oiseau, c'est non pas une simple disposition à réagir aux œufs, mais un besoin qui peut aboutir à un comportement caractérisé, même en l'absence d'œufs. Tout le monde connaît un comportement féminin comparable à celui-ci : souvent, une femme sans enfant se trouve un substitut pour satisfaire son instinct maternel, soit un enfant adoptif, soit un animal domestique. Beaucoup de femmes sans enfants manifestent aussi une curieuse attitude ambivalente à l'égard de leur mari : elles lui font jouer le double rôle de partenaire et d'enfant.

Quand une communauté se fonde selon le procédé d'intégration, la coopération sociale est créée de la même façon. En général, les possibilités d'agir et de réagir au partenaire sont préparées. Un Satyre Sémélé, une Épinoche n'ont pas besoin d'apprendre à reconnaître leurs congénères ou leurs compagnons, ni comment réagir à eux.

SUITE DU DÉVELOPPEMENT

Quand un lien est créé entre deux individus ou davantage, leurs relations continuent parfois d'évoluer. Il peut alors se produire diverses modifications ultérieures, dont nous aurons à parler maintenant.

Dans certains cas, nous pouvons constater un changement progressif, par exemple une multiplication ou une diminution des activités sociales. Nous avons étudié un changement de ce genre à propos des activités parentales de l'Épinoche mâle. L'une d'entre elles est l'éventage, mouvement par lequel cet animal, en remuant ses nageoires d'une façon spéciale, envoie un courant d'eau dans le nid, ce qui apporte de l'oxygène aux œufs et fait disparaître le gaz carbonique. Quand les œufs sont encore jeunes, le mâle ne passe qu'une partie de son temps à les éventer. Plus tard, les œufs ont besoin de plus d'oxygène, et bien entendu, dégagent plus de gaz carbonique. Le père répond à ces besoins en passant de plus en plus de temps à les éventer. Ce surcroît d'activité est dû en partie à un accroissement de l'intensité des stimuli fournis par les œufs : quand des œufs de huit jours sont placés dans un nid contenant des œufs de trois jours, le mâle réagit par un éventage considérablement plus énergique. Mais l'accroissement normal de cette activité est aussi dû en partie à une modification interne chez le mâle : si l'on remplace les œufs du nid par des œufs récents, à divers stades du cycle du mâle, son activité, tout en diminuant quelque peu, ne retombe jamais à l'intensité minime du premier jour. Plus l'on attend, dans ce cycle, pour apporter les œufs récents, plus le mâle y réagit intensément.

De même, l'instinct d'incubation augmente à mesure qu'un oiseau couve. Or cela se produit même si l'on tue les œufs ou s'ils sont stériles.

On a observé des changements progressifs de type plus complexe dans les processus de formation du couple, chez certains oiseaux et poissons. Verwey [113] a donné une bonne description de la formation du couple chez le Héron bleu. Cet oiseau vit en solitaire pendant l'hiver et, au printemps, retourne sur ses territoires d'élevage. Le mâle arrive le premier et s'installe dans un nid de l'année précédente, ou à un endroit où il a l'intention de construire un nouveau nid. Il « chante », autrement dit émet un cri rauque et monosyllabique, peu agréable à l'oreille humaine, mais attirant pour les femelles.

Quand une femelle arrive, elle se pose sur une branche, près du mâle de son choix. Le mâle se met aussitôt à lui faire la cour, mais, quand une femelle réagit en s'approchant, il la repousse, et une lutte féroce s'ensuit parfois. Quand la femelle s'envole, le mâle se remet à pousser des cris frénétiques, et il arrive qu'elle fasse alors volte-face et revienne à lui. Les réactions hostiles reprennent parfois, mais, peu à peu, l'agressivité recule, les oiseaux commencent à se supporter et, le cas échéant, s'accouplent. Il est évident que le mâle, et probablement aussi la femelle, ont réagi à leur partenaire de deux façons : par une réaction sexuelle, qui les attire l'un vers l'autre en vue de l'accouplement, et par une réaction agressive, peut-être nuancée de peur ou de désir de fuir. Peu à peu, l'instinct sexuel triomphe des tendances hostiles. Ce changement dans l'intensité relative des divers instincts excités peut être dû en partie à l'expérience : les oiseaux s'habituent l'un à l'autre. Il peut être dû aussi pour une part à une exaspération du désir sexuel sous l'influence de la stimulation répétée et prolongée de la part du partenaire. Cette exaspération de l'appétit sexuel est prouvée par le fait que ces batailles sont rares ou courtes chez les couples qui se forment en fin de saison. Les mâles qui ont attendu une femelle pendant une quinzaine sont tellement obsédés par la sexualité, au moment où une femelle les rejoint, qu'il arrive qu'ils l'acceptent aussitôt.

Chez l'Épinoche commune, qui, nous l'avons vu, ne s'accouple qu'en vue de la fécondation, et pour laquelle il n'est pas question d'attachement individuel entre les conjoints, le passage d'un comportement initialement hostile à un comportement purement sexuel dépend entièrement de la victoire de l'instinct sexuel sur l'hostilité [106]. La première réaction du mâle à une femelle qui s'approche, la danse en zigzag, est l'expression de deux instincts. Chaque zigzag commence par éloigner le mâle de la femelle. Cet élément est le début d'une réaction purement sexuelle : la nage vers le nid, où seul le mâle peut fertiliser les œufs. Les preuves en sont que 1° dans certaines conditions, les « zigs » peuvent aller jusqu'au « guidage » complet, quand le mâle va ainsi jusqu'au nid, et que 2° ces « zigs » sont d'autant plus marqués que l'appétit sexuel est plus fort. Les « zags » sont les mouvements vers la femelle. Dans les cas extrêmes, ils aboutissent à une attaque effective ; cela se produit quand l'instinct d'agression est exceptionnellement excité (ce qui est démontrable). La réaction de la femelle à cette danse du mâle agit comme un stimulus puissant sur l'instinct sexuel de ce dernier. Quand elle se tourne vers lui, il cesse aussitôt de zigzaguer, et nage vers le nid. Toute la chaîne d'activités mâles qui suit (nage vers le nid, indication de son entrée, tremblement et fécondation) est à prédominance sexuelle. Dans ce cas, la danse en zigzag du mâle, qui est un comportement mixte, devient un comportement purement sexuel par le seul fait que la femelle, en réaction à ce comportement, fournit un nouveau stimulus sexuel, qui rompt l'équilibre du comportement du mâle, de façon à le faire pencher du côté purement sexuel.

Dès que la femelle a pondu et que le mâle a fécondé les œufs, son comportement redevient agressif : il attaque la femelle et la chasse. Cela est dû à deux changements : d'une part, après l'éjaculation, l'instinct sexuel du mâle tombe brusquement, donc ne compense plus son instinct belliqueux, lequel reste aussi fort que d'ordinaire ; d'autre part, après avoir pondu, la femelle n'a plus l'abdomen gonflé, donc ne fournit plus l'un des déclencheurs de la réaction sexuelle mâle. A partir de ce moment, elle fournit surtout des stimuli provoquant l'attaque.

Bien des changements de la structure sociale sont des conséquences de l'acquis. Celui-ci consiste souvent à rendre les liens plus spécifiques ; après avoir commencé par réagir aux stimuli fournis par tout acteur, le réacteur se met à limiter ses réactions aux stimuli fournis par tel individu. Habituellement, cela est opéré par le conditionnement, type d'acquis relativement simple. Les Goélands argentés adultes se conditionnent à leurs petits en quelques jours, et dès cet instant, limitent à leur couvée toutes leurs activités parentales : ils deviennent indifférents, voire hostiles, aux autres poussins de l'espèce. Comme nous l'avons vu aux chapitres 1 à 3, ces relations personnelles sont désormais connues chez de nombreux oiseaux ; à notre connaissance, elles jouent même un rôle plus important chez divers mammifères. Il est évident que ce genre de relations ne peut exister quand les animaux réagissent simplement à des stimuli-signaux caractéristiques de l'espèce entière ; le conditionnement les amène manifestement à réagir à de nombreux autres stimuli, qui les rendent capables de distinguer les individus. Souvent, ce pouvoir de discrimination est stupéfiant ; bien des oiseaux, par exemple, reconnaissent au premier coup d'œil leur compagnon, leurs petits ou les autres membres de leur compagnie, alors que le meilleur observateur humain n'y arrive pas, ou dans l'hypothèse la plus favorable, arrive tout juste à les distinguer. L'échec de l'Homme est dû en partie au manque d'entraînement ; quand on se lie étroitement à un groupe d'Oies ou de Moutons, par exemple, on apprend à en reconnaître chaque individu. Je n'ai cependant jamais rencontré d'homme parvenu, sur ce point, à la même perfection que les animaux eux-mêmes. Il est possible que chaque espèce donne le meilleur d'elle-même quand ses représentants sont capables de se reconnaître entre eux. Quoi qu'il en soit, la promptitude des réactions limitées à certains individus montre que des stimuli très subtils jouent certainement un rôle, en opposition diamétrale aux stimuli-signaux, auxquels les animaux réagissent de façon innée.

Dans la littérature spécialisée, on trouve quelques observations éparses, qui nous renseignent un peu sur la nature de ces stimuli. On sait, par exemple, que les Sternes et les Mouettes reconnaissent leurs compagnons à la fois à la voix et à la vue. La reconnaissance à la voix s'observe aisément sur les colonies de couvaison de ces espèces. Un oiseau qui couve somnole de temps à autre. Il est passionnant de surveiller, depuis un affût, un tel oiseau. Dans une colonie de Sternes communes (*Sterna hirundo*), par exemple, de nombreux oiseaux sillonnent le territoire. Les parents se relaient pour couver, chacun restant une heure environ. Celui qui couve risque de rester seul une bonne partie de ce temps. Souvent, il ne prête pas la moindre attention aux oiseaux qui passent, et dont la plupart poussent des appels. Mais il réagit aussitôt dès que son compagnon arrive, et, comme ses yeux sont fermés, il faut donc qu'il ait réagi aux cris du partenaire. Il n'est pas difficile d'observer plusieurs fois dans une même journée une telle réaction à la voix du compagnon [92]. Ces réactions sont souvent remarquablement précises : bien que le cri du compagnon soit faible, distant, et à peine audible parmi le bruit des nombreux autres oiseaux, l'oiseau endormi s'éveille d'un seul coup.

Pourtant, un oiseau peut aussi reconnaître son compagnon parmi de nombreux étrangers, alors même qu'il est silencieux. Chez le Goéland argenté, espèce que j'ai observée avec plus d'attention que les Sternes communes, j'ai eu la preuve de reconnaissance entre partenaires distants de plus de 20 m, et alors que j'étais certain que la voix n'intervenait pas. La reconnaissance visuelle tient probablement à l'expression faciale, qui dépend, comme chez les humains, des proportions entre les diverses parties de la tête. Les observateurs humains n'ont pas de peine à repérer chez les animaux des différences d'expression. Heinroth a fait une observation intéressante qui montre qu'un oiseau risque de ne pas reconnaître son compagnon si la face de ce dernier est cachée : un jour, au Zoo de Berlin, il vit un Cygne attaquer sa femelle alors qu'elle se tenait verticalement, la tête sous l'eau. Quand elle la releva, il cessa aussitôt d'attaquer. Lorenz a fait des observations semblables sur ses Oies cendrées [55].

Dans ce domaine, l'expérimentation est difficile, probablement parce que les animaux réagissent à tant de détails à la fois qu'un changement intéressant certains de ces détails, tout en n'échappant pas à l'oiseau, laisse assez de traits intacts pour que la reconnaissance reste possible. Nous modifiâmes un jour la couleur de poussins de Goéland argenté, afin de troubler leurs parents. Quand nous eûmes noirci un poussin en l'enduisant de suie, les parents parurent stupéfaits, mais adoptèrent néanmoins le poussin, peut-être parce qu'ils reconnaissaient sa voix. La même chose se produisit quand nous modifiâmes le dessin de taches noires sur la tête d'un poussin. Mais nous ne poursuivîmes pas ce travail au-delà des essais préliminaires. Bien que ce genre d'expériences prenne du temps, elles méritent d'être faites.

Nous pouvons mentionner ici que certains Pingouins ont créé un autre type de relations parents-enfants [74]. Les jeunes du Manchot d'Adélie et autres espèces se groupent en vastes troupeaux, et il paraît que les parents les nourriraient sans discrimination. Certains auteurs ont pensé que ce système de « crèche » était une adaptation aux basses températures, le fait de se serrer à plusieurs réduisant les déperditions de chaleur. Certains auteurs prétendent que la Sterne des îles Sandwich pratique aussi ce genre de crèches. Notre expérience personnelle nous donne à penser que, bien que beaucoup de poussins se groupent parfois, chacun d'eux est habituellement nourri par ses propres parents, qui reconnaissent individuellement leurs petits.

Ainsi, les relations entre individus peuvent devenir plus spécifiques par un processus qui semble entièrement distinct du conditionnement. Voici une expérience remarquable, rapportée par Heinroth. Il avait fait éclore un certain nombre d'oisons en incubateur. Il les en sortit et les porta à un couple d'oies qui venait de faire éclore sa propre couvée. A son étonnement, les oisons de l'incubateur ne s'associèrent pas aux autres, mais revinrent à lui en hâte dès qu'il les mettait avec eux. Il était manifeste qu'ils le considéraient comme leur mère et ne reconnaissaient absolument pas leur propre espèce. Il découvrit que cela ne se produisait pas si les oisons n'avaient pas eu l'occasion de le voir avant d'être présentés aux oies. Plus tard, Lorenz répéta l'expérience avec des oisons et diverses espèces de canetons. Il semble que les petits de ces espèces doivent apprendre à quoi ressemblent leurs congénères ; ils l'apprennent très rapidement. Chez les Oies, cela semble être une question de secondes. Ce curieux processus a reçu le nom d' « imprinting »; ses caractéristiques sont la brièveté du temps qu'il exige et, affirme Lorenz, le fait qu'il ne peut être ni annulé, ni renversé. Une fois qu'un oison est attaché à un être humain, il est impossible d'obtenir qu'il se considère comme une oie, aussi longtemps qu'on l'oblige à vivre avec des oies. Sur ce point, toutefois, les témoignages sont contradictoires, et les recherches devront être poursuivies.

Bien entendu, cela ne veut pas dire que les oisons naissent sans aucune « connaissance » de l'aspect de leurs congénères ; autrement dit, qu'ils ne réagiraient de façon innée à aucun stimulus fourni par les parents. Comme ils s'attachent à des humains ou à d'autres animaux, et non, en règle générale, à des plantes ou à des objets inanimés (une exception : un Jars bleu des neiges, dans les New Grounds, qui semble avoir éprouvé cet « imprinting » à l'égard de la boîte en forme de chenil qui lui servait de nid [81]), il faut que ces substituts fournissent certains stimuli auxquels réagissent les oisons. L'un de ces stimuli est le mouvement ; Lorenz et nous-même l'avons montré un jour sur une Oie d'Égypte née en incubateur. Dans une boîte fermée, nous la portâmes dans une pièce nue. Étant assis, immobiles, chacun dans un coin, nous libérâmes le poussin, qui ne s'approcha d'aucun de nous, mais resta, perplexe, au centre de la pièce, poussant des piaillements frénétiques. L'un de nous, en tirant une ficelle, fit bouger un coussin : l'animal courut après, mais y renonça dès qu'il cessa de bouger. Fabricius [21] fit des expériences de cette sorte, mais avec plus de détails, sur des nouveau-nés de Canard à aigrette et autres espèces. Il constata que les mouvements et les cris étaient les stimuli fournis par les parents. Seulement, le mouvement n'agissait pas par lui-même : il était nécessaire que certaines parties du corps, les membres, bougent en rapport avec le reste du corps. Le mouvement avait une telle importance que les canetons suivaient aussitôt une main faisant un signe, alors qu'ils ne prêtaient pas la moindre attention à des canards de leur espèce, empaillés. La période pendant laquelle l' « imprinting » était possible était de 36 heures à partir de l'éclosion, mais même des petits mis en contact avec des parents adoptifs au bout de 18 heures seulement d'isolement n'arrivaient pas à être complètement « empreints ».

Un processus semblable a été découvert par Noble chez les Ciclidés. Chez l'un d'eux, l'*Hemichromis bimaculatus*, ce sont les parents qui s'habituent ainsi à leurs petits. Comme nous l'avons vu au chapitre 3, cet auteur a réussi à habituer un couple inexpérimenté, à des petits d'une autre espèce, simplement en remplaçant les œufs ; un couple ainsi traité est incapable d'élever des petits à l'avenir, car il n'accepte jamais ses propres petits.

Cet « imprinting » n'aboutit pas à la reconnaissance individuelle, laquelle, dans le cas des Oies et des Canards, est acquise plus tard et plus lentement. Chez les Ciclidés, les parents ne distinguent pas leurs petits entre eux : étant donné qu'une couvée peut en compter plusieurs centaines, ce serait trop leur demander.

L' « imprinting » mérite d'être étudié de plus près ; il serait intéressant de découvrir non seulement à quels stimuli les oiseaux réagissent juste après l'éclosion, mais aussi quels sont les effets réels de l' « imprinting » et pourquoi, dans bien des cas, il ne peut être ni oublié, ni modifié.

En poursuivant l'étude du comportement des Oies attachées aux humains, on établit qu'il existait un curieux entrelac de réactions acquises et innées. Les oisons suivaient leurs parents humains de bien plus loin que des oisons sauvages ne suivent leurs parents. Cela vient de l'angle sous lequel se présente l'Oie adulte : les petits restent à une distance telle que l'angle sous lequel se présente l'Homme soit le même et, comme l'Homme est beaucoup plus haut, cela augmente la distance. Quand le parent humain nage, la partie qui sort de l'eau est bien plus basse que le corps d'une Oie, et, par conséquent, les oisons viennent très près. Si l'Homme plonge la tête lentement sous l'eau, les oisons viennent de plus en plus près, et, pour finir, vont jusque sur sa tête.

Les oisons de Lorenz restèrent attachés à lui après avoir commencé à voler. Bien qu'il ne pût les accompagner dans leur vol, ils firent de temps en temps des promenades aériennes dans les environs, partiellement satisfaits par la présence les uns des autres. De temps à autre, ils se posaient, puis marchaient vers Lorenz aussi vite qu'ils pouvaient. On s'aperçut par hasard qu'ils ne se posaient pas aussi près de lui que des Oies sauvages ne se seraient posées près de leurs parents. Lorenz avait l'habitude de suivre à bicyclette le vol de ses Oies. Un jour qu'il avait le nez en l'air, pour les surveiller, il tomba dans l'herbe de l'accotement. Aussitôt, les Oies se posèrent près de lui. A partir de ce moment, il put toujours les faire atterrir en pédalant vite et en tombant les bras écartés, donc en imitant les mouvements d'une Oie qui se pose. Il faut que la réaction à ce mouvement ait été innée chez ces Oies : elles trouvaient ce déclencheur normal même chez le parent adoptif auquel elles s'étaient attachées.

Le conditionnement aux parents (que ce soit ou non sous la forme spéciale de l' « imprinting ») présente un autre aspect intéressant. Quand un jeune Choucas est nourri à la main, il s'attache à l'Homme qui le nourrit. Il lui tient compagnie et désire recevoir sa nourriture de ses mains. Quand un tel Choucas commence à voler, la compagnie humaine ne lui suffit plus, et il s'associe à des oiseaux pour toutes les activités qui impliquent le vol. Quand il y a des Choucas ou des Corneilles sauvages dans les environs, ces animaux deviennent ses compagnons de vol. Quand il atteint la maturité sexuelle, il montre, en dépit de sa longue fréquentation des Choucas, que son éducation a laissé des traces : sa cour a pour objets des êtres humains. Et quand, un peu plus tard, son instinct parental s'éveille, il se dirige de nouveau sur de petits Choucas, et non pas sur des bébés. Ainsi, les objets choisis dépendent de l'instinct excité. Un Choucas femelle, illustre dans les milieux ornithologiques, le « Jock » du Professeur Lorenz [57], traitait ce dernier comme un couple parental, des Corneilles à capuchon comme ses compagnons de chasse, une jeune fille comme son compagnon sexuel, et un petit Choucas comme son propre enfant.

Ces étranges relations, qui apparaissent dans des conditions anormales, révèlent des choses sur les processus dont dépend l'organisation sociale. Elles montrent que les animaux de ce genre voient leur milieu, et plus spécialement un de leurs congénères, sous un angle tout particulier. Contrairement à ce que nous serions tentés de supposer, ils n'apprennent pas : « Voilà à quoi ressemble mon espèce », pour diriger ensuite toutes leurs activités sociales sur celle-ci, mais ce sont les divers éléments de leur type de comportement qui sont des réactions à divers stimuli fournis par le congénère. Comme tous ces stimuli sont effectivement fournis par chaque représentant de l'espèce, le caractère kaléidoscopique de ce faisceau de réactions n'apparaît pas ; il est révélé par les conditions anormales.

CONCLUSION

Bien que, le lecteur l'aura deviné, notre connaissance de la formation des structures sociales reste lacunaire, le peu que nous en savons montre clairement une chose : beaucoup de communautés animales dépendent du fonctionnement de relations remarquablement simples et peu nombreuses. Qu'une communauté se différencie à partir d'une simple relation corps-organe, ou soit fondée par deux individus indépendants, s'unissant pour créer une organisation, les relations entre individus, qui reposent sur le système des déclencheurs, se mettent à fonctionner dès qu'on en a besoin, ou même avant. Les potentialités sont toujours prêtes d'avance. Quand la réalisation commence, plusieurs changements peuvent se produire. Ils peuvent être dus à des modifications de l'intensité des instincts en présence, ou à des facteurs acquis. Parmi ceux-ci, l' « imprinting » conditionne l'animal à son espèce, et il se peut que d'autres facteurs acquis le conditionnent à tel ou tel de ses congénères.

LES « RÉGULATIONS »

Quand on étudie la façon dont s'organise une communauté, on est souvent frappé par les nombreux parallèles possibles entre elle et un individu. L'un et l'autre sont composés de parties constituantes ; l'individu est composé d'organes, la communauté est composée d'individus. Dans les deux cas, il y a division du travail entre les parties. Dans les deux cas, les parties coopèrent au profit de l'ensemble, et, à travers lui, dans leur propre intérêt. Les parties donnent et reçoivent. Ainsi, elles perdent une fraction de leur « souveraineté », et de leur capacité de vivre isolées. Constamment, l'individu perd des cellules cutanées ; le lézard abandonne sa queue au prédateur au profit du reste de sa personne, de sorte que le reste peut vivre et se reproduire. Une Canarde défend ses petits au mépris de sa propre vie. Chez l'individu, les avantages que les parties retirent du tout sont évidents : un muscle isolé ne saurait vivre longtemps. Mais une Abeille ouvrière non plus, ni un polype enlevé à une colonie de Siphonophores. Même dans les cas où les individus peuvent vivre isolés, ils perdent les divers bénéfices qu'ils retirent de la vie de groupe, comme nous l'avons vu au chapitre 3. L'impossibilité de vivre en dehors de la communauté est plus frappante dans le cas des organes de l'individu (lequel doit son nom à ce fait) que dans celui de la communauté ; pourtant, il n'y a entre les deux qu'une différence de degré. Certains individus peuvent très bien être divisés en parties sans en mourir ; certains Vers, les Planaires et les Anémones de mer ne sont pas « uns et indivisibles ».

Très utile au sociologue, la comparaison entre l'individu et la communauté conduit à l'idée que la communauté est une sorte de super-organisme. Bien entendu, il ne faut pas pousser les choses trop loin : l'organisme et la communauté ne sauraient être identifiés. Cette comparaison nous aide simplement à comprendre que, dans les deux cas, nous avons affaire à une « entreprise », à qui se posent des problèmes d'organisation et de coopération. La principale différence entre l'individu et la communauté est une différence de niveau d'intégration ; dans une communauté, l'intégration a été poussée à un un degré plus poussé que chez l'individu.

Jusqu'ici, nous avons étudié le fonctionnement normal des communautés. Que se passe-t-il si quelque chose d'anormal intervient? Il est bien connu que, dans certains cas, un individu réagit à des conditions anormales en s'adaptant. Non seulement il peut résister aux nombreuses influences néfastes auxquelles il est exposé dans les conditions normales, mais il peut aussi faire face à des cas d'urgence. Cela est possible grâce à ce que l'on appelle les « régulations ». Quand une partie du corps est endommagée, la blessure, si elle n'est pas trop étendue, guérit. Quand c'est impossible, il arrive qu'une autre partie en assume les fonctions. Divers exemples de ce pouvoir remarquable ont été donnés par E. S. Russell [78]. En un certain sens, ces régulations ne sont qu'une extension des activités normales.

Quand une partie du corps d'un individu se régénère après avoir été endommagée, cela est produit par des groupes de cellules qui, en une sorte de régression, reviennent plus ou moins à l'état de cellules embryonnaires ; alors, le cycle évolutif recommence. Quand les fonctions d'une partie du corps disparue sont reprises par une autre partie, il se passe quelque chose de différent : cette dernière étend ses activités normales et réalise des potentialités qui n'auraient jamais été réalisées dans des conditions normales.

Des régulations semblables se rencontrent dans les communautés. Là aussi, les individus qui la composent peuvent régresser et commencer un nouveau cycle. Dans d'autres cas, les conditions anormales peuvent amener les individus à faire des choses qu'ils n'auraient pas faites autrement ; il arrive qu'ils remplissent les fonctions d'individus disparus. Pour cela, ils ont en réserve un certain nombre de mécanismes qui n'interviennent que dans les cas d'urgence.

Quand des oiseaux perdent leur couvée, ils en mettent généralement une autre en route. Au lieu de poursuivre leur développement comme si rien ne s'était passé, et de passer du stade de l'incubation à celui du soin des petits (ce qui ne servirait en rien l'espèce), ils subissent une transformation profonde. Leurs testicules ou ovaires se remettent à former des gamètes, ils se refont la cour, ils s'accouplent, construisent un nid et pondent. Le pouvoir régulateur n'est pas le même dans toutes les espèces, mais la plupart des oiseaux, sinon tous, le possèdent.

Un exemple extrêmement passionnant de cette « régénération » a été observé chez les Abeilles par Roesch [75]. Comme nous l'avons vu au chapitre 6, il y a, entre les divers groupes d'âge d'une communauté d'Abeilles, une division du travail très stricte. Si l'on élimine artificiellement l'un de ces groupes d'âge, les autres en assument les fonctions, sauvant ainsi le super-organisme. Quand, par exemple, on écarte toutes les butineuses (qui ont habituellement 20 jours ou plus), de jeunes Abeilles de 6 jours à peine, qui, normalement, nourrissent les larves, prennent leur vol et deviennent butineuses. Si l'on écarte toutes les ouvrières qui construisent (celles entre 18 et 20 jours), leurs fonctions sont reprises par des Abeilles plus vieilles, qui les avaient remplies auparavant, mais étaient passées depuis au stade de butineuses. Pour cela, elles doivent non seulement changer de comportement, mais aussi régénérer leurs glandes à cire. On ignore les mécanismes de ces régulations.

Chez les oiseaux de proie, le mâle et la femelle ont des tâches différentes quant à l'alimentation des petits. Le mâle chasse et la femelle les garde. Le mâle lui passe les proies, et elle les déchire pour en donner de petits morceaux aux oisillons. Il faut que ces derniers soient à mi-chemin de l'âge adulte pour être capables de se débrouiller seuls avec une proie. Cette division du travail est si stricte que la couvée est habituellement perdue si la femelle meurt pendant cette période. On a cependant observé dans certains cas que le mâle, après avoir attendu quelque temps, se mettait à nourrir les petits à la façon de la femelle, type de comportement qui n'a jamais été constaté chez les mâles de ces espèces dans les conditions normales [90].

On peut fréquemment observer de petites régulations, causées par des types de comportement qui, bien qu'ils soient toujours présents en réserve, n'apparaissent normalement pas. Au chapitre 3, nous avons dit qu'il arrivait qu'un mâle de Pluvier à collier pousse sa femelle vers le nid si, pour une raison quelconque, elle restait à distance. Un jour, nous vîmes un Vanneau mâle tenter d'écarter ses petits d'un chat ; bien qu'ils eussent toutes leurs plumes, ces derniers ne réagissaient pas à ses cris d'alarme. Beaucoup d'oiseaux chanteurs réagissent, à des petits qui n'ouvrent pas le bec, d'une façon spéciale qui le leur fait ouvrir, même si le stimulus normal reste sans effet.

Il est, naturellement, difficile de faire le départ entre le normal et l'anormal ; dans ce contexte, « normal » signifie simplement « souvent observé », et anormal, rare ; il y a, entre les deux, toutes sortes d'intermédiaires. La même chose est vraie de toutes les « régulations », que ce soit celles de l'individu ou celles de la communauté. Cela nous montre, une fois de plus, que toutes les régulations ne sont que des extensions des processus normaux de la vie. A cet égard, il est bon de se souvenir que ceux-ci ne sont ni plus ni moins mystérieux que les processus de régulation ; ces derniers ne posent pas de problèmes radicalement différents de ceux posés par les précédents. Quand on a compris que la coopération normale peut être analysée, il est évident que nous pouvons appliquer la même méthode aux régulations ; pourquoi les mécanismes tenus en réserve seraient-ils fondamentalement différents de ceux qui servent chaque jour ?

8 L'ORGANISATION SOCIALE ET L'ÉVOLUTION

LA MÉTHODE COMPARATIVE

Nous n'avons aucun document sur l'histoire de l'organisation sociale ; les fossiles ne nous parlent guère du comportement des animaux du passé. Nous ne pouvons donc pas étudier directement l'histoire de l'organisation sociale. Il est pourtant possible d'en savoir quelque chose grâce à la comparaison entre les organisations sociales des espèces actuelles. En morphologie, la comparaison est couramment utilisée dans cette intention. Avant que nous ne l'appliquions au comportement social, rappelons comment on l'applique à la morphologie.

Quand on fait des comparaisons, la première démarche est d'étudier les ressemblances et les différences, et de grouper les espèces animales en classes, en fonction de ces critères : on range dans un même groupe les animaux semblables, dans un groupe plus vaste, les groupes semblables, etc. La ressemblance est alors considérée comme une preuve d'affinité. Quand on pose qu'il y a affinité, on rencontre une première difficulté : la ressemblance entre certaines espèces ou certains groupes peut être superficielle et nous tromper sur la question de l'affinité. A première vue, par exemple, les cétacés et les poissons se ressemblent beaucoup. Quand on les examine de plus près, on découvre que cette similitude repose sur le fait que les uns et les autres ont une forme appropriée aux déplacements de fluides : la forme d'une torpille ;

mais ce caractère nous frappe à tort. A bien d'autres égards, ils diffèrent beaucoup : par le squelette, la peau, la cavité nasale, la reproduction, etc. Sous tous ces rapports, les cétacés sont beaucoup plus proches des mammifères que des poissons, et c'est pourquoi, à cause, surtout, de la présence de certains caractères en majorité, on estime que les cétacés sont plus proches des mammifères que des poissons. La paléontologie confirme cette conclusion.

Si les cétacés ressemblent aux poissons, c'est parce qu'ils se sont adaptés à un milieu semblable, qui les a amenés à se donner la même forme propre au mouvement déplaçant des fluides. Ce phénomène d'adaptation similaire de deux espèces s'est produit chez de nombreux animaux et on l'appelle convergence. On peut trouver des convergences dans tous les processus vitaux, dans la croissance qui aboutit à la « structure » et dans celle qui aboutit à la « fonction » (il va sans dire que « structure » et « fonction » ne sont que deux aspects d'une seule et même chose : la structure fonctionnante). On peut trouver des convergences chez des animaux entiers, comme les cétacés et les poissons, les Chauves-Souris et les oiseaux, les Mouettes et les Pétrels. On peut aussi en trouver dans des organes, tels que les pattes, adaptées au creusement, des Taupes et des Taupes-Grillons, les organes du toucher des insectes et des mammifères, etc. Quand on pose une affinité, on écarte toute convergence, et le seul critère est la véritable ressemblance, ou homologie.

Quand on compare les animaux d'un même groupe, on constate qu'un type général leur est commun. Les espèces, ou groupes d'espèces, qui diffèrent de ce type à bien des égards sont alors considérés comme ayant divergé, à ces égards, du type général. Ceux qui rappellent le plus le schéma général sont considérés comme étant, à ce point de vue, plus proches que les autres des premiers ancêtres du groupe. Par exemple, les cétacés et les Chauves-Souris sont spécialisés en ce qui concerne leur adaptation au milieu, tandis qu'à d'autres égards, ce sont des mammifères ordinaires.

Il se peut que différentes espèces d'un groupe, ou différents petits groupes dans un groupe plus large, aient évolué dans la même direction, mais que l'un d'eux soit allé plus loin que les autres. Cela permet souvent de déceler les tendances évolutives en classant les espèces dans une série allant de la plus spécialisée à la moins spécialisée. Ce procédé comporte de nombreux pièges ; il ne faut jamais oublier qu'il est rare qu'à l'intérieur d'un groupe, nous puissions considérer un animal, dans son ensemble, comme moins spécialisé qu'un autre ; il se peut fort bien qu'il soit moins spécialisé à certains égards, mais davantage à d'autres.

LA COMPARAISON DES SYSTÈMES SOCIAUX

En appliquant la comparaison au comportement, nous avons la chance d'être déjà informés sur l'aspect général du système naturel des affinités ; nous sommes donc dans une position bien plus favorable que celle de la morphologie il y a trois siècles. Quand nous constatons, par exemple, que l'organisation sociale sur laquelle repose le comportement sexuel de la Seiche est très semblable à celle des poissons, nous ne croyons pas un instant que cela prouve une affinité réelle entre les deux animaux, car l'étude morphologique nous a déjà montré que les poissons et les Seiches ne sont pas proches du tout. Certaines ressemblances telles que les « arêtes » et les yeux sont des convergences, ainsi que les similarités de comportement sexuel.

D'autre part, en comparant les comportements sexuels d'espèces étroitement apparentées, nous pouvons supposer sans risque de nous tromper que ces types de comportement sont homologues. Ainsi, quand nous voyons que, dans sa danse en zigzag, le mâle d'Épinoche commune commence par conduire la femelle, puis l'attaque ; que l'Épinochette l'attaque d'abord, puis la conduit ; et enfin que l'Épinoche de mer (*Spinachia vulgaris*) se contente de l'attaquer, et attend pour la guider qu'elle ait pris l'initiative, nous sommes bien obligés de supposer que nous avons affaire à trois formes d'un type de comportement qui est fondamentalement le même. Quand les comportements sexuels d'espèces étroitement apparentées sont très différents, nous sommes fondés à rechercher la racine commune à partir de laquelle ils ont divergé.

Le comportement a rarement fait l'objet d'une étude systématique de ce point de vue. Pourtant, le comportement social, en particulier, nous en offre une occasion unique, car, du fait de la nécessité de l'isolement pour la reproduction, l'accent est généralement mis sur la diversité. Cela veut dire que l'organisation sociale d'espèces apparentées a divergé très rapidement, ce qui fait que les espèces très proches (avec lesquelles la comparaison est particulièrement facile, car on peut être certain de la présence d'homologies) présentent un large éventail de phénomènes.

Tout comme en morphologie, la comparaison peut être pratiquée à tous les niveaux : à celui de la communauté dans son ensemble, à celui d'un système secondaire, comme un comportement sexuel, et à celui d'un élément isolé de ce système, comme chaque déclencheur. A chacun de ces niveaux, on peut disposer de juste assez de faits pour montrer quel type de conclusions l'on peut tirer.

Quand on compare les systèmes sociaux de divers types d'Apiaires, on constate que la plupart des espèces sont solitaires, et que l'Abeille domestique, plus deux espèces qui lui sont apparentées, font exception en ceci qu'elles fondent des « États » d'une haute complexité, dans lesquels coopèrent des milliers d'individus. La vie sociale étant manifestement une exception dans le groupe des Apiaires, nous en déduisons qu'à l'origine, tous les Apiaires étaient des insectes solitaires. Comme on l'a vu au chapitre 7, il existe des groupes, apparentés aux Apiaires, qui sont sociaux dans une certaine mesure, et doivent donc être considérés comme occupant une position intermédiaire à cet égard. En comparant les groupes solitaires, intermédiaires et hautement sociaux (ce que nous avons fait en partie au chapitre 7), on constate que l'organisation sociale a commencé par la famille composée d'une mère et de sa descendance, et qu'il y a eu tout d'abord association de la mère et de la couvée, puis division du travail, en même temps que complexité croissante de la coopération.

Les Fourmis ne peuvent pas apporter grand'chose à cette discussion, car il n'y a pas de Fourmis solitaires, pas plus, d'ailleurs, que de Termites solitaires. Pourtant, la comparaison des Fourmis et des Termites nous offre un exemple frappant de convergence à grande portée. L'organisation sociale des Termites a une autre origine que celle des Fourmis ou des Abeilles, car, chez les

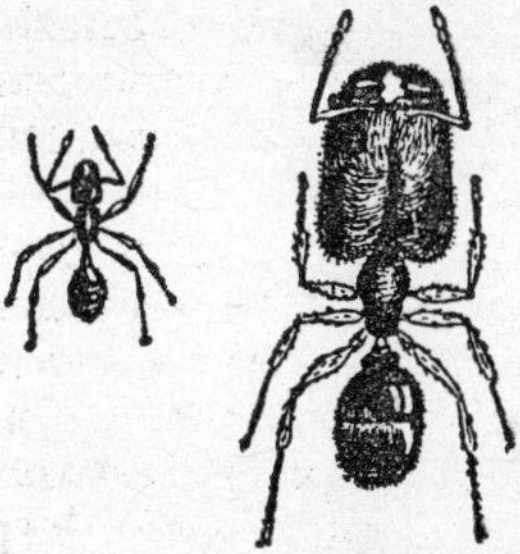

FIG. 64. — Ouvrière (*à gauche*) et soldat (*à droite*) de Fourmis.

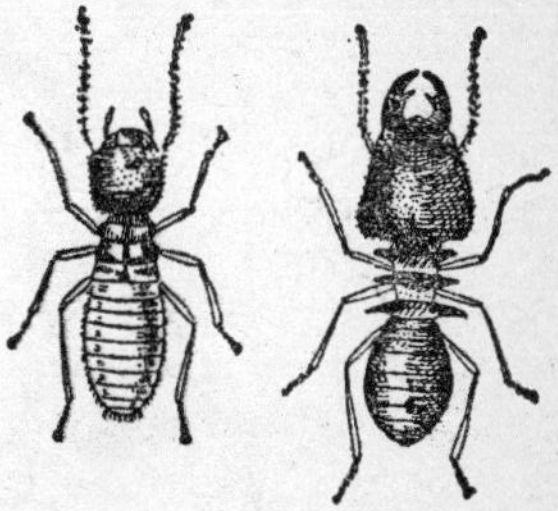

FIG. 65. — Ouvrier (*à gauche*) et soldat (*à droite*) de Termite.

Termites (« blattes sociales »), les mâles sont présents dans toutes les classes ; leurs États ont commencé par des familles composées d'un mâle, d'une femelle et de leur progéniture. Comme on le sait, le parallélisme entre les Fourmis et les Termites va très loin ; par exemple, il existe des « soldats » chez les unes et les autres (fig. 64 et 65).

Si nous descendons maintenant de l'organisation sociale dans son ensemble à l'organisation sociale partielle, nous pouvons, là encore, discerner des homologies et des convergences. Elles sont particulièrement frappantes en matière de sexualité. Chez les groupes qui ont bonne vue, nous trouvons souvent un dimorphisme sexuel, les mâles présentant des dessins de couleur bien visibles, ou accomplissant des « rites » particulier. Les mâles du Gélasime appelant (fig. 66) [16], [112], de la

Seiche, du poisson appelé Combattant (*Betta splendens*) [52], des Lézards et des Oiseaux le font ainsi. Tous utilisent leurs couleurs voyantes pour menacer les autres mâles, et leur réaction ambivalente en puissance (face à un congénère, ils peuvent soit se battre, soit faire la cour) est dirigée dans le sens purement sexuel par des réactions particulières à l'égard des femelles. Certains animaux sont surtout agressifs, comme le *Betta* ou les Pigeons ; d'autres sont surtout amoureux et ne peuvent

FIG. 66. — Mâle de Gélasime appelant dans son attitude menaçante (*d'après Pearse,* in *Verwey, 1930*).

être incités à se battre que par des déclencheurs spéciaux, que fournissent les rivaux. On le rencontre chez la Seiche et le Canard musqué. Chez les Oiseaux, le curieux système du « lek », dans lequel beaucoup de mâles aux couleurs éclatantes se réunissent sur un terrain d'accouplement commun ou lek, sur lequel les femelles ne viennent que pour le coït, ce système, disons-nous, s'est développé de façon indépendante chez le Pigeon à collerette (*Philomachus pugnax*) et le Coq de Bruyère (*Lyrurus tetrix*) [46]. Dans ces deux espèces, les mâles n'aident pas les femelles dans leurs devoirs de mères ; il n'y a aucune espèce de lien personnel entre eux.

A l'intérieur d'un même genre, il est souvent possible

de prouver des homologies. Au premier regard, le comportement de formation du couple paraît très différent chez le Goéland argenté et la Mouette rieuse. Les couples de la première espèce se forment dans les « clubs » ou terrains de réunion sociale, ceux de la seconde, sur des « pré-territoires ». Le mâle célibataire de Mouette rieuse réagit très violemment à tout étranger, qu'il soit mâle ou femelle ; celui du Goéland argenté, s'il attaque les autres mâles, n'est pas très agressif à l'égard des femelles. La Mouette rieuse a une exhibition aérienne, l'autre non. Le jeune couple de Mouettes rieuses s'envole et choisit un territoire d'incubation ; le jeune couple de Goélands argentés s'éloigne du « club » en marchant, et choisit souvent un territoire non loin de là. Sur d'autres points aussi, il y a des différences considérables ; l'attitude de menace est différente : le Goéland argenté adopte la « position de menace dressée », la Mouette rieuse, l' « exhibition avancée ». Les positions d'appaisement diffèrent : le Goéland argenté adopte la « position de soumission », la Mouette rieuse « secoue la tête ».

Une analyse serrée des comportements de formation du couple chez ces deux espèces montre qu'elles suivent le même plan général : la femelle s'approche du mâle, l'apaise en adoptant l'attitude opposée à celle de la menace ; après le « mariage », le coupe choisit ensemble un territoire permanent. Ces différences tiennent à deux faits : 1° étant l'espèce la plus petite, la Mouette rieuse vole plus que le Goéland argenté ; cela explique l'exhibition aérienne, inconnue de ce dernier oiseau, la forme de la menace (la position dressée vise un adversaire au sol, la position avancée, un adversaire qui peut venir soit du sol, soit des airs), et les deux types de départ pour un territoire permanent ; 2° la position de menace de la Mouette rieuse est accentuée par sa face brune, et cela, à son tour, explique l'usage de secouer la tête comme rite d'appaisement.

Notre connaissance de ces phénomènes est encore très fragmentaire, et ne suffit en aucune façon à la reconstitution des processus historiques par lesquels se sont formés les divers types de comportement.

Nous en savons davantage à un niveau plus inférieur, celui des signaux isolés. Là encore, il n'est pas difficile de déceler des homologies et des convergences. Le peignage de déplacement du canard mâle qui fait sa cour, s'il diffère d'une espèce à l'autre, est certainement toujours « la même chose ». Le chant des oiseaux chanteurs, qui, lui aussi, diffère d'une espèce à l'autre à cause des exigences d'isolement génétique, est homologue dans tout le groupe, ainsi que l'instrument utilisé, ou syrinx. Comme exemples de convergences, citons la menace frontale des poissons, qui fait appel à une érection des opercules des ouïes, et d'oiseaux comme le Pigeon à collerette et le Coq domestique, lesquels se servent des plumes de leur cou pour produire un éventail ou un collier aux couleurs vives.

La comparaison des déclencheurs homologues a mené à des conclusions remarquables quant à leur origine et à leur évolution.

Jusqu'ici, nous avons découvert deux sources de mouvements-signaux. L'une est le mouvement d'intention. Quand des canards ou des oies ont l'intention de s'envoler, leur désir prend corps peu à peu. Un désir très faible suscite des amorces de mouvements. L'oiseau presse son plumage contre son corps ; puis il secoue la tête à plusieurs reprises (c'est le degré le plus faible de l'envol). Quand le désir monte, ce geste devient plus marqué, et d'autres parties du corps peuvent intervenir : les ailes sont tenues prêtes à l'action, le corps est parfois légèrement penché en avant. Ces formes larvées de mouvements projetés servent de déclencheurs pour les congénères.

Dans d'autres cas, l'animal peut accomplir un mouvement d'intention, alors même que le désir est assez fort. La menace dressée du Goéland argenté est certainement le signe d'une tendance assez forte à attaquer. Elle ne se transforme pas facilement en attaque réelle car elle est inhibée par une tendance simultanée à fuir ou à se retirer. Ce genre de mouvements d'intention inhibés agissent dans beaucoup d'autres cas, comme des mouvements-signaux.

Les activités de déplacement constituent la seconde source de déclencheurs. Rappelons, comme exemples, l'arrachage d'herbe par les Goélands argentés, le creusement de déplacement par l'Épinoche commune et l'indication de l'entrée du nid (éventage de déplacement) par la même espèce ; toutes agissent comme des signaux provoquant certaines réactions chez l'adversaire ou le partenaire sexuel.

Il est difficile de voir comment des mouvements de ce genre ont pu commencer à être « compris » par les congénères. Ce problème concerne l'origine de la capacité qu'a le réacteur de réagir au signal, et non l'origine du mouvement-signal lui-même. En ce qui concerne les mouvements d'intention, c'est un problème exactement du même ordre que celui de l'origine dernière de la capacité, pour un animal, de réagir à un quelconque stimulus extérieur. La raison pour laquelle un Merle réagit à un Ver de terre ou à un Épervier est tout aussi mystérieuse que celle pour laquelle il réagit au mouvement « intentionnel » d'alarme effectué par un autre Merle.

C'est un problème d'un autre ordre que de savoir pourquoi un Goéland argenté « comprend » le caractère agressif de l'activité de déplacement consistant à recueillir des matériaux pour le nid (arrachage d'herbe) et n'y réagit pas en décidant de construire un nid, lui aussi. Je crois qu'il y a deux raisons pour qu'il l'interprète comme un comportement agressif. Tout d'abord, ce geste alterne avec des menaces caractérisées. Ensuite, nous l'avons vu, ce geste n'est pas exactement celui qui est accompli pour bâtir vraiment un nid : la Mouette donne des coups de bec « furieux » au matériau et tire dessus avec rage. Or ces éléments additionnels font partie du comportement de combat ; l'animal traite la plante comme si elle était l'adversaire.

Une fois que cette capacité de réagir à un mouvement-signal donné par un autre individu existe, l'évolution ultérieure de la fonction signalisante est l'affaire à la fois de l'acteur et du réacteur. Chez l'un et l'autre commence une adaptation. La comparaison nous a révélé divers aspects de ce processus [17]. La toilette de déplacement, mouvement-signal qui joue un rôle dans la cour de nombreux canards mâles, diffère, d'une façon originale pour chaque espèce, du geste qui sert effectivement à se lisser les plumes. Chez certaines espèces, la différence est si grande que l'on a du mal à reconnaître

FIG. 67. — Toilette de déplacement chez des canards en rut :

1. Tadorne de Belon (*d'après Makkink, 1931*).
2. Sarcelle d'été (*d'après Lorenz, 1941*).
3. Mandarin (*d'après Lorenz, 1941*).
4. Mallard ou Colvert (*d'après Lorenz, 1941*).

l'activité de déplacement. Lorenz [56] a donné des descriptions précises, illustrées à partir de films, de cette activité de déplacement chez plusieurs espèces (fig. 67). Le Mallart ou Colvert est un cas relativement primitif. Le mâle se contente de poser son bec derrière son aile, comme pour se lisser réellement, simplement d'une façon plus conventionnelle. Le mâle de Mandarin a un mouvement très spécialisé : il touche délicatement la barbe de l'une des rémiges secondaires. Celle-ci n'est pas une simple plume vert foncé, comme les autres de sa catégorie : sa barbe extérieure s'est développée en une sorte d'immense pavillon, et sa couleur, au lieu de vert, est un orange brillant. Le mâle de Sarcelle d'été a un mouvement encore différent : il touche non pas la face intérieure de l'aile, mais la face externe, exactement à l'endroit ou la couverture est d'un bleu brillant légèrement gris. Chez la Sarcelle d'été et le Mandarin, il s'est donc formé une structure voyante, et le mouvement actuel est destiné à y attirer l'attention. Toute cette évolution aboutit à rendre le mouvement plus voyant et plus conventionnel ; il est devenu un « rite ». En outre, les mouvements des différentes espèces ont divergé ; ils sont devenus plus spécifiques. On appelle « ritualisation » le processus évolutif qui « s'empare » de signaux et les rend plus voyants et plus spécifiques.

Tous les faits connus jusqu'ici tendent à la conclusion que les mouvements-signaux étaient à l'origine des mouvements sans fonctions de signalisation ; c'étaient, en un certain sens, des « sous-produits » de l'organisation nerveuse. Quand ils eurent acquis ces fonctions, un type nouveau d'évolution adaptative, la ritualisation, commença et aboutit à deux modifications concomitantes : l'une du mouvement, l'autre de la structure morphologique.

La ritualisation est une adaptation et cela à deux points de vue. Les déclencheurs ritualisés sont toujours caractérisés par la visibilité et la simplicité. C'est là une adaptation aux limites des possibilités de réaction du comportement instinctif. Pour être déclenchée, chaque réaction instinctive dépend de stimuli spécifiques ; une étude des stimuli nécessaires a montré, dans un certain nombre de cas, que ces stimuli étaient toujours relativement simples et visibles. La ritualisation tend à faire que le déclencheur se spécialise de façon à ne présenter que ces « stimuli-signaux » ; en un certain sens, les déclencheurs sont des « stimuli-signaux matérialisés ». En second lieu, la ritualisation tend à rendre le déclencheur différent de tout autre déclencheur, que ce soit de la même espèce ou d'une autre. Elle facilite ainsi la coopération sociale à l'intérieur de l'espèce, et diminue les risques de réactions à une autre espèce.

Dans les mouvements d'intention comme dans les activités de déplacement, la ritualisation semble avoir suivi les mêmes lignes. Dans l'un et l'autre cas, l'accent a été mis tantôt sur le mouvement, tantôt sur la structure. L'une des modifications les plus courantes, dans les mouvements, est la « schématisation », qui implique une exagération de certains éléments du mouvement, ce qui en fait passer d'autres au second plan. Cela s'est produit, par exemple, dans certains des mouvements de cour des Canards. Quand un Canard se « ramasse », c'était à l'origine l'action de lever la tête et la queue. Chez la Sarcelle, le mouvement de la tête vers l'arrière a été souligné, alors que la montée de la queue a disparu entièrement. Chez la Sarcelle du Chili, le mouvement de tête a évolué dans un autre sens ; l'accent est mis sur le mouvement du jabot, et la queue n'intervient pas non plus. Chez le Pilet acuticaude, la tête et la queue participent l'une et l'autre au mouvement ; ici, le mouvement de la queue est appuyé par le triangle aux couleurs vives qui se trouve à la base de la queue, et par la queue elle-même, qui est allongée.

Physiologiquement, on peut comprendre ces aspects de la ritualisation et quelques autres comme des modifications quantitatives, par seuils, des divers éléments du mouvement. Une étude de ces problèmes dépasserait les dimensions de ce livre. Je tiens cependant à souligner que l'étude de l'évolution des déclencheurs a une grande incidence sur le problème de l'origine et de l'évolution des « nouveaux » éléments de comportement en général, car la ritualisation des mouvements d'intention ou de déplacement aboutit, par évolution, à l'apparition de mouvements nouveaux. Cela non plus ne peut être exposé en détail ici.

CONCLUSION

Les travaux accomplis jusqu'ici sur l'origine et l'évolution des déclencheurs, et en particulier de ceux qui jouent un rôle dans la cour et la menace, rendent de plus en plus évident que ces déclencheurs étaient, à l'origine, de simples épiphénomènes accidentels, des exutoires à l'excitation nerveuse, sous forme soit de mouvements d'intention, soit d'activités de déplacement. Dans la plupart des cas, ces exutoires apparaissent quand l'exutoire normal est bloqué par l'activation simultanée d'instincts opposés. Cela explique tous les « mouvements d'intention inhibés », ainsi, peut-être, que de nombreuses activités de déplacement qui servent dans la cour. Cela semble nous indiquer la raison pour laquelle l' « exhibition » est si répandue dans la cour et la menace. Dans la cour, si l'instinct sexuel est peut-être le principal élément de la motivation, l'agressivité et une certaine tendance à fuir jouent également un rôle. Dans la menace [103], l'agressivité et la tendance à fuir entrent en conflit. Nous avons vu que l'agressivité et la sexualité sont toutes deux nécessaires pour la survie de l'espèce. Aucune des deux ne peut être supprimée. Comme le comportement instinctif répond à des stimuli-signaux qui sont simples, et comme, étant une congénère, la femelle ne peut s'empêcher de fournir des stimuli-signaux qui provoquent l'attaque, tout en en fournissant qui suscitent la réaction sexuelle, quand une femelle approche, un mâle est toujours stimulé à la fois dans son agressivité et dans sa sexualité. Si l'agressivité du mâle était moindre, il pourrait se conduire d'une façon purement sexuelle avec la femelle, mais alors, il ne parviendrait pas à écarter les autres mâles. Si son instinct sexuel était plus fort, cela effacerait non seulement son agressivité à l'endroit des femelles, mais aussi tous ses autres instincts, par exemple celui de fuir les prédateurs. Si son instinct de fuite était plus faible, cela ferait de lui un combattant redoutable, mais il échapperait moins aux prédateurs. En chaque animal, il existe un juste équilibre entre les divers instincts. La menace et la cour sont les conséquences inévitables de cet équilibre ; par la ritualisation, elles sont utilisées de la meilleure façon possible étant donné les conditions naturelles.

APPENDICE

9 JALONS POUR DES RECHERCHES EN MATIÈRE DE SOCIOLOGIE ANIMALE

Un coup d'œil sur les noms qui composent notre bibliographie montrera que la sociologie animale doit beaucoup au travail des « amateurs ». Selous, Howard et Portielje, pour ne citer que quelques-uns des chercheurs dont les contributions ont fait énormément pour le développement de notre discipline, étaient ou sont des zoologues non-professionnels. En fait, la zoologie officielle a longtemps négligé la sociologie animale, et les premiers travaux ont été accomplis soit par des amateurs, soit par des zoologues qui n'étaient pas du tout préparés à ce genre de travail. En tant que zoosociologues, Heinroth et Huxley étaient des autodidactes quand ils écrivirent leurs ouvrages de pionniers. Grâce à leurs travaux, suivis de ceux de Lorenz et de ses collaborateurs, les zoologues s'intéressent de plus en plus à la question. Cela précipite les progrès de notre discipline, d'où l'introduction de termes techniques nouveaux et une multiplication rapide de la littérature. Cela est certes encourageant, mais comporte aussi un inconvénient : la recherche devient de plus en plus le monopole de spécialistes professionnels. Beaucoup d'amateurs ont le sentiment de ne plus pourvoir suivre, *a fortiori* fournir des contributions originales. Je ne crois pas ce pessimisme justifié. Il est non seulement possible, mais aussi très souhaitable, que des non-professionnels continuent à écrire, car l'absence de préparation spécialisée a des avantages en même temps que des inconvénients. Bien entendu, la préparation fournit des connaissances et une méthode de pensée, mais elle tend souvent à voiler la spontanéité des points de vue. Il peut arriver que l'amateur aborde un sujet avec une certaine fraîcheur d'esprit, qui risque d'exercer une influence profonde. Ce dernier chapitre entend donner quelques conseils pratiques à ceux qui se sentiraient appelés à se lancer dans une forme ou une autre de recherche personnelle.

Il est évident que les meilleures contributions sont dues à des personnes qui ont consacré à une seule espèce des années entières d'observation patiente et scrupuleuse. La comparaison entre plusieurs espèces (qu'elles soient étroitement apparentées ou non) a été également très importante, mais elle ne peut être pratiquée que quand on a acquis une connaissance approfondie de l'une des espèces.

On ne saurait trop insister sur la nécessité d'aborder le sujet sous un angle très large et par l'observation. La tendance naturelle de nombreuses personnes, et en particulier des jeunes débutants, est de se concentrer sur un problème isolé et de tenter d'y pénétrer. Il faut contrebalancer cette louable tendance, sous peine d'aboutir à une accumulation de résultats partiels et décousus, à une collection de « curiosités sociologiques ». Une large reconnaissance descriptive de l'ensemble des phénomènes est nécessaire pour considérer chaque problème de détail dans sa véritable perspective ; c'est la seule garantie d'une étude équilibrée, dans laquelle la pensée analytique et la pensée synthétique pourront coopérer. C'est vrai, bien sûr, non seulement de la sociologie, mais de toute science ; mais, on l'oublie peut-être plus souvent en éthologie et en sociologie que dans d'autres sciences.

Cette façon d'aborder les problèmes ayant, à mon sens, une importance capitale, je m'y attarderai un peu. Un jour, je reçus la visite d'un étudiant du continent, qui désirait être initié à la recherche sociologique. Il arrivait avec un problème très particulier à l'esprit : il désirait être initié à la technique de l'étude expérimentale des déclencheurs. Je tentai en vain de le persuader qu'il serait préférable de faire connaissance avec l'espèce sans entrer tout de suite dans les détails ; n'y parvenant pas, je le laissai faire à sa guise, et il se mit à compter le nombre de morsures qu'un mâle d'Épinoche commune, se trouvant sur son territoire, portait d'une part à un simulacre rouge, d'autre part à un simulacre argenté. Ses résultats semblaient incompatibles avec ceux de nos expériences précédentes : les simulacres rouges ne recevaient que très peu de morsures de plus que les argentés. Quand nous refîmes l'expérience, nous constatâmes que le poisson présentait de nombreux signes d'hostilité autres que des morsures réelles (par exemple l'érection des aiguillons dorsaux, et des commencements d'attaques), et que ces signes d'hostilité étaient provoqués par les simulacres rouges beaucoup plus souvent que par les simulacres argentés. Ayant fait l'économie d'une étude de l'agressivité par l'observation, cet étudiant n'avait pas été en mesure de reconnaître et d'interpréter ces mouvements hostiles. Il accepta alors de se contenter d'observer, et quand, au bout de quelques jours, il reprit ses tests, il obtint des résultats où la différence en question apparaissait clairement.

Un autre exemple nous sera fourni par les activités de déplacement. Sans connaissance, fondée sur l'observation, à la fois du type de l'instinct qui utilise l'activité de déplacement comme exutoire, et du comportement auquel elle est « empruntée », il est impossible de comprendre une telle activité, d'entrevoir la nature de ses rapports avec les deux instincts en question.

Le mouvement de tête des Mouettes rieuses (qui, nous l'avons dit, est un geste d'apaisement), ne devient intelligible que quand on connaît également sa contrepartie, la position avancée de menace. Si l'on n'étudie pas à la fois le combat et la cour, on est certain de ne pas comprendre ce mouvement. En outre, l'ignorance du comportement de menace empêcherait un observateur de prendre conscience de ce fait important que la cour est toujours teintée d'agressivité.

La répétition de chant par laquelle un Phalarope femelle amène le mâle à la suivre au nid quand elle va pondre ne peut se comprendre si l'on ne sait pas que le même cri attire les mâles célibataires vers les femelles munies de territoires, en début de saison ; et même la cérémonie des œufs n'a pas de sens si l'on ignore que le mâle couve seul et qu'il faut qu'on lui montre où la femelle va déposer les œufs. Cela, à son tour, devient intelligible quand on sait que les rôles joués par les deux sexes sont renversés, ainsi que le dimorphisme sexuel du plumage.

Ce ne sont là que quelques exemples. Bien qu'il faille se contraindre un peu (et parfois beaucoup) pour persévérer dans cette reconnaissance préliminaire avant de s'attaquer aux problèmes de détail, et bien que la reconnaissance risque de durer longtemps avant d'apporter des « résultats » tangibles, la persévérance finit toujours par être récompensée et, peu à peu, les choses se mettent à avoir un sens : on voit des problèmes partout, et dans leurs véritables rapports avec les autres problèmes.

Il est également très important de répéter les observations. Le comportement social implique tant de choses concomitantes qu'il est impossible de tout voir à la fois. Votre attention doit être dirigée sur l'acteur et le réacteur, ainsi que sur d'autres individus du voisinage. Même les mouvements d'un seul individu ne peuvent être bien saisis si on ne les voit qu'une fois, *a fortiori* tout ce qui se passe simultanément. Ce n'est qu'en surveillant, en notant, en dessinant, en prenant conscience de ce dont on n'est pas certain, donc en complétant sa description pas à pas, que l'on peut arriver à un degré suffisant de précision. Nous n'exagérons pas en disant que nous avons assisté des centaines de fois à la cour de l'Épinoche commune ; eh bien, nous découvrons encore des détails nouveaux, dont certains contribuent à une meilleure compréhension des problèmes de base. Pour cela, les films sont très utiles. Un bon film sur un événement particulier peut avoir la même valeur que beaucoup d'heures ou même de journées d'observation.

On peut, dans une très large mesure, observer les

animaux sauvages en pleine nature. L'avantage est que les animaux sont dans le milieu qui leur convient (qu'il est souvent difficile d'imiter en captivité), qu'ils sont en parfaite santé et ne demandent aucun soin ; la Nature s'en occupe pour nous ! Quant à leur peur de l'Homme, on en triomphe aisément par l'usage des affûts. Ce genre de travail a donné d'excellents résultats, surtout avec les oiseaux et les insectes. Bien des faits sur les oiseaux cités dans ce livre ont été recueillis en pleine nature : les travaux de Makkink sur l'Avocette, ceux de Kortlandt sur le Cormoran, ceux de Laven sur le Pluvier à collier, ceux de Lack sur le Rouge-Gorge, les miens sur le Goéland argenté (sans parler de beaucoup d'autres) reposent entièrement sur le travail en plein-air. L'équipement requis par cette étude est simple. Les jumelles sont presque indispensables. Pour l'observation continue, il est très important de les monter sur un pied de photographe à rotule. Quand on a observé pendant une heure environ, on ne peut empêcher ses mains de trembler ; mais même avant cela, les verres bougeront légèrement à chaque battement de votre pouls ; on est étonné de constater combien plus l'on voit de choses quand on a éliminé cette difficulté en fixant l'appareil. Si l'on ne dispose pas d'un pied, qu'on pose simplement les jumelles sur des pierres, une barrière ou une branche, en mettant un caillou dessus.

Un second accessoire du naturaliste est une façon quelconque de marquer les individus. Certes, on peut, sans les marquer, reconnaître les individus à des particularités de plumage, à une patte blessée, à une taille anormale, etc., mais ces animaux sont précisément reconnaissables parce qu'ils présentent une légère anomalie, et il n'est jamais exclu que ces animaux adoptent ou suscitent justement un comportement anormal. Il y a longtemps que, pour étudier les migrations, on utilise des anneaux d'aluminium portant des numéros. Mais, habituellement, les chiffres sont si petits qu'on ne peut les lire à distance. Pour de très gros oiseaux, comme les Cigognes, on a des anneaux portant des nombres assez gros pour être lus *in natura*, mais, pour les oiseaux plus petits, la solution est de recourir aux anneaux de couleur. En combinant 5 ou 6 couleurs différentes, on peut marquer individuellement un grand nombre d'oiseaux. Rien n'interdit de mettre 2 ou même 3 anneaux à chaque patte d'un oiseau, selon l'espèce. Certains des Goélands argentés que j'avais marqués faisaient un joyeux bruit de clochettes chaque fois qu'ils s'envolaient, mais ils semblaient ne pas s'en soucier le moins du monde, et vécurent des années.

Pour certaines observations, et pour prendre des photos ou des films, il est nécessaire d'utiliser un affût. Pour ma part, j'utilise des tentes de 1 1/2 m^3, avec un cadre de métal dont les unités ont 60 cm de long. On dresse cette tente en quelques minutes, on la transporte aisément, et quand elle est bien fixée, elle résiste à un vent violent. Il est conseillé de camoufler les fenêtres d'observation, par des végétaux placés du côté extérieur. La forme irrégulière des feuilles brise les lignes de ce trou noir (elles sont elles-mêmes en pleine lumière). L'observateur peut alors faire n'importe quel mouvement à l'intérieur sans être remarqué. Dans les affûts de ce genre, il est très important de ne pas ouvrir simultanément des fenêtres à des côtés opposés, car les oiseaux pourraient voir votre silhouette bouger, par la fenêtre qui se trouve dans votre dos.

Toutefois, pour mieux observer, il est nettement préférable de s'asseoir en plein-air, de façon à pouvoir regarder tout autour de soi, car, bien souvent, il est aussi important de voir à quoi dans le voisinage réagissent vos oiseaux, que ce qu'ils font eux-mêmes. Il faut vous tenir assez loin d'eux pour que votre présence ne les gêne pas. Cette distance peut être étonnamment faible une fois que les oiseaux se sont habitués à vous, ce qui se produit sans tarder si vous vous tenez tranquille. Dans ce cas, ils ne s'occupent pas plus de vous que si vous étiez une vache. Pour étudier les oiseaux, il faut se lever tôt. La plupart des oiseaux ont un maximum d'activité (sexuelle surtout) avant et après le lever du soleil. Il existe un second maximum, moins marqué, vers le soir. Le mieux est d'arriver une heure environ avant l'aube et de rester jusque 3 ou 4 heures après le lever du soleil, quand l'activité disparaît. Une fois que vous serez habitué à être aux champs tôt, vous trouverez cela bien mieux que de sortir tard, quand le soleil est déjà haut, quand la rosée s'est évaporée, et que le paysage est devenu sec, incolore et terne.

Les insectes aussi peuvent être étudiés dans la nature. A bien des égards, ils sont même de meilleurs sujets d'étude que les oiseaux. Ils sont beaucoup moins timides et leur maximum d'activité n'est pas dans les premières heures du jour ; il est donc moins fatiguant de les étudier jour après jour. Les personnes solides peuvent commencer la journée avec les oiseaux, et passer aux insectes vers 9 heures.

Le grand observateur français Fabre a montré combien de choses intéressantes pouvaient être détectées par la simple observation. Quelle qu'ait été sa valeur à l'époque, son ouvrage n'offre pas assez de précision pour nos besoins actuels. Comme étude moderne montrant le genre de résultats que l'on peut obtenir ainsi, citons celle de Baerends sur les mœurs d'une Ammophile, l'*Ammophila adriaansei*. Chez cette espèce, il découvrit des relations très complexes entre les femelles et leur descendance. Chaque larve vit solitaire, dans un terrier, et la mère lui apporte des chenilles paralysées. Non content d'observer dans le détail le cours normal des événements, en marquant à la fois les nids et les individus, Baerends fit des expériences poussées. Par exemple, il découvrit que chaque femelle peut prendre soin de deux ou même de trois nids simultanément, chacun à un stade de développement différent, et qu'elle sait exactement quand telle ou telle larve a besoin de ravitaillement. Il remplaça les terriers naturels par des constructions de plâtre, de façon à pouvoir ouvrir un nid toutes les fois qu'il le désirait, et en changer le contenu. Il put ainsi prouver que le comportement des femelles était influencé par le contenu du terrier, par exemple la quantité de nourriture s'y trouvant ou l'âge de la larve.

Les insectes offrent un champ de recherches à peu près

illimité. Les travaux de Baerends montrent combien les Ammophiles sont fascinantes. Sur les papillons, nous n'avons pas accompli plus qu'un début prometteur ; les résultats concernant le Satyre Sémélé montre ce que nous commes en droit d'attendre. Les Libellules sont un autre groupe intéressant ; la belle espèce *Calopteryx virgo*, par exemple, a inventé un comportement sexuel très comparable à celui que l'on trouve chez de nombreux oiseaux et poissons ; les mâles défendent un territoire contre d'autres mâles ; ils ont aussi un comportement de cour spécial, entièrement fondé sur la stimulation visuelle. Les Sauterelles et les Locustes ont inventé des relations sociales d'un type tout à fait différent, comme l'ont montré les travaux de Jacobs [35a] et de Duym et Van Oyen [20]. Dans d'autres groupes, comme les mammifères (Schenkel [78a], Hediger [29], Carpenter [12a], Eibl von Eibesfeldt [20 a et b]), les Lézards (Noble [66], Kramer [42] et Kitzler [38]) et les Araignées (Crane [16 a et b]), le travail accompli jusqu'ici, s'il n'est pas aussi complet que celui sur les oiseaux, permet des comparaisons intéressantes, et ces groupes méritent certainement plus d'attention qu'ils n'en ont reçue jusqu'ici.

Les jardins zoologiques sont un autre moyen de recherche sociologique. Les animaux peuvent y être observés de près, et souvent, le milieu plus ou moins anormal suscite des déviations, par rapport à la normale, qui sont d'une grande valeur pour notre compréhension des cas normaux. En outre, on peut y faire des comparaisons avec les espèces exotiques, qui échappent à l'observation en plein-air. Heinroth, qui travailla à Berlin, et Portielje, d'Amsterdam, sont les pionniers de ce genre d'étude, et la liste respectable de leurs publications démontre la valeur des zoos pour la sociologie. Actuellement, celle-ci tend à être admise par tous (en Suisse, par exemple, les Zoos de Bâle, de Berne et de Zurich ont ou ont eu pour directeurs des spécialistes du comportement).

Il existe un type particulier de zoo, très précieux pour notre discipline. Précieux parce qu'il est, de loin, le moyen le meilleur marché d'entretenir des animaux dans un milieu pratiquement naturel, et à la portée de presque tout le monde. Nous pensons à l'aquarium. En fait, si vous avez un aquarium de dimensions modestes (par exemple 45 × 30 × 30 cm), vous pouvez sans les moindres frais observer tout ce qui a été dit dans ce livre (et beaucoup plus) sur l'Épinoche ou l'Épinochette. Vous devrez passer quelques heures, au début du printemps, à attraper votre poisson, et il vous faudra déterrer un ver chaque jour, mais c'est tout. De l'aquarium d'eau douce à l'aquarium d'eau de mer, le pas n'est pas bien grand ; en dépensant très peu, il est également possible d'installer un aquarium tropical et d'étudier l'une des nombreuses espèces tropicales qui ont été importées. Le champ de recherches est pratiquement illimité. Plusieurs groupes de poissons ont créé des systèmes hautement spécialisés de déclencheurs visuels, et leur capacité à changer de couleur rapidement les rend plus passionnants encore que beaucoup d'oiseaux.

Lorenz a inventé un type particulier de zoo. Il a élevé et entretenu un certain nombre d'animaux en une sorte de semi-captivité. Ils ont le droit, dans certaines limites (très larges), de circuler librement, et en les élevant personnellement, il a créé entre eux et lui des liens sociaux. Beaucoup de ces animaux le traitent comme un représentant de leur espèce : ils le courtisent ou le combattent, ou bien tentent d'obtenir qu'il les rejoigne quand ils se déplacent. Cela donne des occasions irremplaçables d'étude, et Lorenz y a recouru sans restriction, vivant littéralement jour après jour avec ses animaux. (A l'usage de quiconque se sentirait tenté d'entreprendre de telles recherches, je me dois d'ajouter qu'elles ne sauraient être entreprises sans le consentement de la maîtresse de maison.)

L'observation doit être suivie par l'expérience. Celle-ci peut souvent être faite dans la nature. Le passage de l'observation à l'expérience doit être graduel. L'investigation des relations causales doit commencer par l'utilisation des « expériences naturelles ». Les conditions dans lesquelles les phénomènes se produisent dans la nature, varient à un degré tel que la comparaison des conditions dans lesquelles se produit un certain phénomène a souvent la valeur d'une expérience, que l'on n'a plus qu'à préciser par des tests décisifs. Par exemple, quand Heinroth observa qu'un Cygne attaquait sa femelle alors que la tête de celle-ci se trouvait sous l'eau, il estima que les caractères permettant la reconnaissance individuelle devaient se trouver à la tête, et ce fut le point de départ d'expériences plus précises. Le fait qu'une Épinoche mâle guide la femelle au nid, mais la chasse dès qu'elle a pondu, suggère que l'enflure de l'abdomen a quelque chose à voir avec le déclenchement de sa cour. Ayant constaté plusieurs fois dans la nature que des Phalaropes femelles courtisaient toutes sortes d'oiseaux qui passaient : Pluviers à collier, Tringas, mais ne réagissaient jamais à des Bruants des neiges (la seule de ces espèces ayant une tache blanche bien visible sur l'aile), je me doutai que le manège amoureux était provoqué par tout oiseau ayant à peu près la même couleur terne que le Phalarope. En une seule journée, on fait, en plein-air, plusieurs constatations de ce genre, et si l'on fait la chasse systématique à ces expériences naturelles, on acquiert tout un programme d'expérimentation. Avec les simulacres, s'il est facile d'imiter et de varier les caractères morphologiques (couleur, forme), le mouvement est très délicat à reproduire, et notre connaissance de l'influence des divers types de mouvement a longtemps reposé entièrement sur de longues séries d'« expériences naturelles ».

Certes, les animaux en captivité permettent plus l'expérimentation que les animaux en liberté, puisque, même s'ils le désirent, ils ne peuvent se soustraire à l'expérience. Mais cela implique un certain danger, car l'observateur est alors tenté d'exagérer. A plus d'un titre, l'expérimentation est une affaire délicate. Tout d'abord, l'animal doit être dans l' « humeur » appropriée. Il est inutile d'offrir un simulacre de bec de Goéland argenté adulte à un poussin qui vient d'être mis en alerte par le cri d'alarme des parents, ou qui vient d'être nourri.

Le facteur le plus troublant est la réaction de fuite. Il n'est que trop facile de la provoquer. Dans les cas les plus nets, on la décèle aisément, car il est rare que l'on puisse faire erreur sur un comportement de fuite caractérisé. Mais même une légère activation de cet instinct fait obstacle aux autres comportements et, pour détecter de faibles signes d'inhibition par la peur, il faut une observation aiguisée, servie par une longue expérience. Cela n'est pas étonnant si l'on songe au nombre de personnes qui sont incapables de reconnaître sur d'autres humains des expressions pourtant bien simples, et combien plus difficile il est de reconnaître ces expressions sur des espèces autres que la nôtre.

Il faut répéter chaque expérience un certain nombre de fois pour éliminer l'influence de variables qui échapperaient au contrôle de l'expérimentateur. Il est toujours tentant d'utiliser un seul individu pour plus d'un test, au lieu de prendre un nouvel individu pour chaque test. Mais il faut alors s'assurer que l'animal ne change pas durant la série de tests. L'une des causes courantes de changement est l'épuisement de l'instinct impliqué, d'où réactivité décroissante. Cela se produit souvent quand les tests de détail sont faits à de trop brefs intervalles. Une autre de ces causes est que l'animal apprend. De jeunes Goélands argentés, à qui l'on avait montré sans répit des simulacres de têtes, auxquels ils avaient réagi sans obtenir de nourriture en échange, y furent conditionnés négativement et réagirent de moins en moins. Des Oies, à qui l'on avait montré des oiseaux de proie en carton volant au-dessus d'elles, furent conditionnées positivement par l'appareil expérimental : elles se mirent à pousser le cri d'alarme toutes les fois que l'expérimentateur, pour préparer un test, grimpait à un arbre afin de suspendre le simulacre.

Ceci nous amène à parler de la nécessité des contrôles. Toute expérience est la comparaison des effets de deux situations, qui diffèrent sur un certain détail, dont on désire étudier l'influence. Quand, par exemple, on désire savoir quels stimuli fournis par les œufs provoquent ou non l'incubation, il ne suffit pas de montrer qu'un oiseau peut accepter un œuf anormal. Il faut comparer la réaction à l'œuf anormal aux réactions à des œufs normaux ; s'il y a une différence dans l'intensité ou la nature des réactions, cela veut dire que la différence contient un élément qui influence la réaction de l'oiseau. Une expérience sur l'œuf anormal, sans aucun test de contrôle, permet d'affirmer que l'œuf anormal contient certains stimuli qui agissent sur l'incubation, mais ne prouve pas que l'œuf anormal fournisse tous les stimuli. Cela paraîtra peut-être un truisme, mais, comme plusieurs articles publiés dans des journaux scientifiques de haute tenue souffrent de ce défaut, il faut y insister.

Tels sont les pièges principaux. Il ne nous est pas possible de donner plus que des indications générales. Les sources d'erreur que nous avons mentionnées peuvent agir de toutes sortes de façons, et c'est souvent par l' « intuition » qu'on les reconnaît et les apprécie. Le « truc » consiste à faire intervenir des expériences de temps en temps dans la vie normale de l'animal, pour que celle-ci n'en soit pas interrompue ; si passionnant que puisse être pour nous le résultat d'une expérience, il faut qu'il soit, pour l'animal, un élément de la routine quotidienne. Un homme à qui le sentiment de ce genre de travail fait défaut commet inévitablement des erreurs, tout comme certaines personnes ne peuvent s'empêcher de heurter et d'abîmer de jolis meubles dans un salon, sans même s'en apercevoir.

La publication des résultats est une partie essentielle de la recherche. Les bons articles sont toujours les bienvenus dans la plupart des journaux de zoologie. La revue internationale *Behaviour* est peut-être l'organe le plus approprié. Les travaux sur les oiseaux sont souvent pris par les revues d'ornithologie, comme *Ibis* en Angleterre. Il est essentiel d'écrire une langue simple et directe ; essentiel non seulement pour le lecteur, mais aussi pour l'auteur ; souvent, rédiger un article vous aide considérablement à organiser vos idées et à voir clairement les problèmes. Les illustrations sont un élément capital des publications de cette sorte. Il est en effet impossible de décrire des comportements complexes avec un détail suffisant, et pourtant de façon que le lecteur puisse se les représenter. Un mauvais dessin, une mauvaise photo, sont souvent plus utiles que deux pages de description précise, mais forcément terne. L'observateur doit faire des croquis sur place, et les reprendre continuellement pour les améliorer. Le film est très utile dans ce domaine ; en fait, il est presque indispensable à un travail précis ; on peut l'utiliser comme point de départ de dessins. Pour des raisons d'économie, les dessins seront appropriés à des procédés typographiques simples, car la plupart des revues scientifiques mènent une lutte perpétuelle contre la faillite.

Le plus souvent, la publication ne peut être entreprise sans certaines lectures préalables. Soulignons que, pour être vraiment informé de l'état actuel d'une question, il ne suffit pas de se limiter à ce qui paraît dans sa langue maternelle. Pour étudier sérieusement la sociologie animale, on ne peut s'en tirer sans une littérature qui se trouve être pour l'essentiel en allemand. Les travaux de Heinroth, Lorenz, Koehler et leurs successeurs et élèves sont capitaux ; tout n'a pas été traduit. Une bonne partie s'en trouve dans le *Journal für Ornithologie* et dans la *Zeitschrift für Tierpsychologie.*

D'autre part, soulignons que, si elle est nécessaire, une lecture abondante ne remplacera jamais la connaissance directe, fondée sur l'expérience personnelle. Les animaux eux-mêmes seront toujours plus importants que les livres que l'on a écrits sur eux.

BIBLIOGRAPHIE

1 ALLEE, W. C., 1931 : *Animal Aggregations.* Chicago.

2 ALLEE, W. C., 1938 : *The Social Life of Animals.* London-Toronto.

3 BAERENDS, G. P., 1941 : 'Fortpflanzungsverhalten und Orientierung der Grabwespe Ammophila campestris. Jur.' *Tijdschr. Entomol.*, **84**, 68-275.

4 BAERENDS, G. P., 1950 : 'Specializations in organs and movements with a releasing function'. *Symposia of the S. E. B.*, **4**, 337-60.

5 BAERENDS, G. P., et BAERENDS, J. M., 1948 : 'An introduction to the study of the ethology of Cichlid Fishes'. *Behaviour*, Suppl., **1**, 1-242.

6 BATES, H. W., 1862 : 'Contributions to an insect fauna of the Amazon Valley'. *Trans. Linn. Soc.*, London, **23**, 495-566.

7 BEACH, F. A., 1948 : *Hormones and Behavior.* New York,

8 BOESEMAN, M., VAN DER DRIFT, J., VAN ROON, J. M.. TINBERGEN, N., et TER PELKWIJK, J., 1938 : 'De bittervoorns en hun mossels'. *De Lev. Nat.*, **43**, 129-236.

9 BULLOUGH, W. S., 1951 : *Vertebrate Sexual Cycles.* London.

10 BURGER, J. W., 1949 : 'A review of experimental investigations of seasonal reproduction in birds'. *Wilson Bulletin*, **61**, 201-30.

11 BUXTON, J., 1950 : *The Redstart.* London.

12 CINAT-TOMSON, H., 1926 : 'Die geschlechtliche Zucht-

wahl beim Wellensittich (*Mel opsittacus undulatus Shaw*)'. *Biol. Zbl.*, **46**, 543-52.

12a CARPENTER, C. R., 1934 : 'A field study of the behavior and social relations of Howling Monkeys'. *Comp. Psychol. Mon.*, **10**, 1-168.

13 COTT, H., 1940 : *Adaptive Coloration in Animals*. London.

14 CRAIG, W., 1911 : 'Oviposition induced by the male in pigeons'. *Jour. Morphol.*, **22**, 299-305.

15 CRAIG, W., 1913 : 'The stimulation and the inhibition of ovulation in birds and mammals'. *Jour. anim. Behav.*, **3**, 215-21.

16 CRANE, J., 1941 : 'Crabs of the genus Uca from the West Coast of Central America'. *Zoologica*, N. Y., **26**, 145-208.

16a CRANE, J., 1949 : 'Comparative biology of salticid spiders at Rancho Grande, Venezuela. IV. An Analysis of display'. *Zoologica N. Y.*, **34**, 159-214.

16b CRANE, J., 1949 : 'Comparative biology of salticid spiders at Rancho Grande, Venezuela. III. Systematics and Behavior in representative new species'. *Zoologica N. Y.*, **34**, 31-52.

17 DAANJE, A., 1950 : ' On locomotory movements in birds and the intention movements derived from them'. *Behaviour*, **3**, 48-98.

18 DARLING, F. F., 1938 : *Bird Flocks and the Breeding Cycle*. Cambridge.

19 DICE, L. R., 1947 : 'Effectiveness of selection by owls of deer-mice (*Peeromyscus maniculatus*) which contrast in color with their background'. *Contr. Lab. Vertebr. Biol.*, Ann Arbor, **34**, 1-20.

20 DUYM, M., et VAN OYEN, G. M., 1948 : 'Het sjirpen van de Zadelsprinkhaan'. *De Levende Natuur*, **51**, 81-7.

20a EIBL-EIBESFELDT, I., 1950 : 'Ueber die Jugendentwicklung des Verhaltens eines männlichen Dachses (*Meles meles* L.) unter besonderer Berücksichtigung des Spieles'. *Zs. f. Tierpsychol.*, **7**, 327-55.

20b EIBL-EIBESFELDT, I., 1951 : 'Beobachtungen zur Fortpflanzungsbiologie und Jugendentwicklung des Eichhörnchens (*Sciurus vulgaris L.*)'. *Zs. f. Tierpsychol.* **8**, 370-400.

21 FABRICIUS, E., 1951 : 'Zur Ethologie junger Anitiden'. *Acta Zoologica Fennica*, **68**, 1-177.

22 FRISCH, K. VON, 1914 : 'Der Farbensinn und Formen-

sinn der Biene'. *Zool. Jahrb. Allg. Zool. Physiol.*, **35**, 1-188.

[23] FRISCH, K. VON, 1938 : 'Versuche zur Psychologie des Fisch-Schwarmes'. *Naturwiss.*, **26**, 601-7.

[24] FRISCH, K. VON, 1950 : *Bees their Vision, Chemical Senses, and Language*. Ithaca, N.Y.

[25] GOETHE, FR., 1937 : 'Beobachtungen und Untersuchungen zur Biologie der Silbermöwe (*Larus a. argentatus*) auf der Vogelinsel Memmertsand'. *Jour. f. Ornithol.*, **85**, 1-119.

[26] GOETSCH, W., 1940 : *Vergleichende Biologie der Insektenstaaten*. Leipzig.

[27] GÖZ, H., 1941 : 'Uber den Art-und Individualgeruch bei Fischen'. *Zs. vergl. Physiol.*, **29**, 1-45.

[28] GRASSÉ, P. P., et NOIROT, CH. : 'La sociotomie : migration et fragmentation chez les Anoplotermes et les Trinervitermes'. *Behaviour*, **3**, 146-66.

[29] HEDIGER, H., 1949 : 'Säugetier-Territorien und ihre Markierung'. *Bijdr. tot de Dierk.*, **28**, 172-84.

[30] HEINROTH, O., 1911 : 'Beiträge zur Biologie, namentlich Ethologie und Psychologie der Anatiden'. *Verh. V. Intern. Ornithol. Kongr.*, Berlin, 589-702.

[31] HEINROTH, O., and HEINROTH, M., 1928 : *Die Vögel Mitteleuropas*. Berlin.

[32] HINDE, R., 1952 : 'Aggressive behaviour in the Great Tit'. *Behaviour, Suppl.* 2, 1-201.

[33] HOWARD, H. E., 1920 : *Territory in Bird Life*. London.

[34] HUXLEY, J. S., 1934 : 'Threat and warning coloration in birds'. *Proc. 8th Internat. Ornithol. Congr.*, Oxford, 430-55.

[35] ILSE, D., 1929 : 'Uber den Farbensinn der Tagfalter '. *Zs. vergl. Physiol.*, **8**, 658-92.

[35a] JACOBS, W., 1948 : 'Vergleichende Verhaltensforschung bei Feldheuschrecken'. *Verh. d. deutschen Zool. Gesellsch.*, 1948, 257-62.

[36] JONES, F. M., 1932 : 'Insect coloration and the relative acceptability of insects to birds'. *Trans. Entomol. Soc.*, London, **80**, 345-85.

[37] KATZ, D., et RÉVÉSZ, G., 1909 : 'Experimentell-psychologische Untersuchungen mit Hühnern'. *Zs. Psychol.*, **50**, 51-9.

[38] KITZLER, G., 1941 : 'Die Paarungsbiologie einiger Eidechsenarten'. *Zs. f. Tierpsychol.*, **4**, 353-402.

[39] KNOLL, FR., 1926 : *Insekten und Blumen*. Wien.

40 KNOLL, FR., 1925 : 'Lichtsinn und Blütenbesuch des Falters von Deilephila livornica'. *Zs. vergl. Physiol.*, **2**, 329-80.

41 KORRINGA, P., 1947 : 'Relations between the moon and periodicity in the breeding of marine animals'. *Ecol. Monogr.*, **17**, 349-81.

42 KRAMER, G., 1937 : 'Beobachtungen über Paarungsbiologie und soziales Verhalten von Mauereidechsen'. *Zs. Morphol. Oekol. Tiere*, **32**, 752-84.

43 KUGLER, H., 1930 : 'Blütenökologische Untersuchungen mit Hummeln. 1'. *Planta*, **10**, 229-51.

44 LACK, D., 1932 : 'Some Breeding habits of the European Nightjar '. *The Ibis*, Ser. 13, **2**, 266-84.

45 LACK, D., 1933 : 'Habitat selection in birds'. *Jour. anim. Ecol.*, **2**, 239-62.

46 LACK, D., 1939 : 'The display of the Blackcock'. *Brit. Birds*, **32**, 299-303.

47 LACK, D., 1943 : *The Life of the Robin*. London.

48 LACK, D., 1947 : *Darwin's Finches*. Cambridge.

49 LAVEN, H., 1940 : 'Beiträge zur Biologie des Sandregenpfeifers (*Charadrius hiaticula L.*)'. *Jour. f. Ornithol.*, **88**, 183-288.

50 LEINER, M., 1929 : 'Oekologische Untersuchungen an *Gasterosteus aculeatus L.*' *Zs. Morphol. Oekol. Tiere*, **14**, 360-400.

51 LEINER, M., 1930 : 'Fortsetzung der oekologischen Studien an *Gasterosteus aculeatus* L.' *Zs. Morphol. Oekol. Tiere*, **16**, 499-541.

52 LISSMANN, H. W., 1932 : 'Die Umwelt des Kampffisches (*Betta splendens Regan*)'. *Zs. vergl. Physiol.*, **18**, 65-112.

53 LORENZ, K., 1927 : 'Beobachtungen an Dohlen'. *Jour. f. Ornithol.*, **75**, 511-19.

54 LORENZ, K., 1931 : 'Beiträge zur Ethologie sozialer Corviden'. *Jour. f. Ornithol.*, **79**, 67-120.

55 LORENZ, K., 1935 : 'Der Kumpan in der Umwelt des Vogels '. *Jour. f. Ornithol.*, **83**, 137-213 et 289-413.

56 LORENZ, K., 1941 : 'Vergleichende Bewegungsstudien an Anatinen'. *Jour. f. Ornithol.*, **89** (Festschrift Heinroth), 194-294.

57 LORENZ, K., 1952 : *King Solomon's Ring*. London.

58 MCDOUGALL, W., 1933 : *An Outline of Psychology*. 6th ed. London.

59 MAKKINK, G. F., 1931 : 'Die Kopulation der Brandente (*Tadorna tadorna L.*)'. *Ardea*, **20**, 18-22.

60 MAKKINK, G. F., 1936 : 'An attempt at an ethogram of the European Avocet (*Recurvirostra avosetta L.*) with ethological and psychological remarks'. *Ardea*, **25**, 1-60.

61 MARQUENIE, J. G. M., 1950 : 'De balts van de Kleine Watersalamander'. *De Lev. Nat.*, **53**, 147-55.

62 MATTHES, E., 1948 : 'Amicta febretta. Ein Beitrag zur Morphologie und Biologie der Psychiden'. *Mémor. e estudos do Mus. Zool., Coimbra*, **184**, 1-80.

63 MEISENHEIMER, J., 1921 : *Geschlecht und Geschlechter im Tierreich*. Iéna.

64 MOSEBACH-PUKOWSKI, E., 1937 : ' Ueber die Raupengesellschaften von *Vanessa io* und *Vanessa urticae*'. *Zs. Morphol. Oekol. Tiere*, **33**, 358-80.

65 MOSTLER, G., 1935 : ' Beobachtungen zur Frage der Wespenmimikry'. *Zs. Morphol. Oekol. Tiere*, **29**, 381-455.

66 NOBLE, G. K., 1934 : ' Experimenting with the courtship of lizards'. *Nat. Hist.*, **34**, 1-15.

67 NOBLE, G. K., 1936 : 'Courtship and sexual selection of the Flicker (*Colaptes auratus luteus*)'. *The Auk*, **53**, 269-82.

68 NOBLE, G. K., and BRADLEY, H. T., 1933 : 'The mating behaviour of lizards'. *Ann. N.Y. Acad. Sci.*, **35**, 25-100.

69 NOBLE, G. K., et CURTIS, B., 1939 : 'The social behavior of the Jewel Fish, *Hemichromus bimaculatus Gill*' . *Bull. Am. Mus. Nat. Hist.*, **76**, 1-46.

70 PELKWIJK, J. J. TER, et TINBERGEN, N., 1937 : 'Eine reizbiologische Analyse einiger Verhaltensweisen von *Gasterosteus aculeatus L.*' *Zs. f. Tierpsychol.*, **1**, 193-204.

71 PORTIELJE, A. F. J., 1928 : 'Zur Ethologie bzw. Psychologie der Silbermöwe (*Larus a. argentatus Pontopp.*)'. *Ardea*, **17**, 112-49.

72 POULTON, E. B., 1890 : *The Colours of Animals*. London.

73 RIDDLE, O., 1941 : 'Endocrine aspects of the physiology of reproduction '. *Ann. Rev. Physiol.*, **3**, 573-616.

74 ROBERTS, BR., 1940 : 'The breeding behaviour of penguins'. *Brit. Grahma Land Exped., 1934-1937. Scientif. Reports* **1**, 195-254.

[75] ROESCH, G. A., 1930 : 'Untersuchungen über die Arbeitsteilung im Bienenstaat'. 2. Teil. *Zs. vergl. Physiol.*, **12**, 1-71.
[76] ROWAN, W., 1938 : 'Light and seasonal reproduction in animals'. *Biol. Rev.*, **13**, 374-402.
[77] BLEST, A. D., et DE RUITER, L. : travail inédit.
[78] RUSSELL, E. S., 1945 : *The Directiveness of Organic Activities.* Cambridge.
[78a] SCHENKEL, R., 1947 : 'Ausdrucks-Studien an Wölfen'. *Behaviour*, **1**, 81-130.
[79] SCHREMMER, FR., 1941 : 'Sinnesphysiologie und Blumenbesuch des Falters von *Plusia gamma L.*'. *Zool. Jahrb. Syst.*, **74**, 375-435.
[80] SCHUYL, G., TINBERGEN, L., et TINBERGEN, N., 1936 : Ethologische Beobachtungen am Baumfalken, *Falco s. subbuteo L.*'. *Jour. f. Ornithol.*, **84**, 387-434.
[81] SCOTT, P., 1951 : *Third Annual Report, 1949-1950, of the Severn Wildfowl Trust.* London.
[82] SEITZ, A., 1941 : 'Die Paarbildung bei einigen Cichliden II'. *Zs. f. Tierpsychol.*, **5**, 74-101.
[83] SEVENSTER, P., 1949 : 'Modderbaarsjes'. *De Lev. Nat.*, **52**, 161-68, 184-90.
[84] SPIETH, H. T., 1949 : 'Sexual behavior and isolation in Drosophila II. The interspecific mating behavior of species of the willistonigroup'. *Evolution*, **3**, 67-82.
[85] SUMNER, F. B., 1934 : 'Does "protective coloration" protect ? ' *Proc. Acad. Sci. Washington*, **20**, 559-564.
[86] SUMNER, F. B., 1935 : 'Evidence for the protective value of changeable coloration in fishes'. *Amer. Natural.*, **69**, 245-66.
[87] SUMNER, F. B., 1935 : 'Studies of protective color changes III. Experiments with fishes both as predators and prey'. *Proc. Nat. Acad. Sci.*, Washington, **21**, 345-53.
[88] SZYMANSKI, J. S., 1913 : 'Ein Versuch, die für das Liebesspiel charakteristischen Körperstellungen und Bewegungen bei der Weinbergschnecke künstlich hervorzurufen'. *Pflüger*'s *Arch.*, **149**, 471-82.
[89] THORPE, W. H., 1951 : 'The learning abilities of birds'. *The Ibis*, **93**, 1-52, 252-96.
[90] TINBERGEN, L., 1935 : 'Bij het nest van de Torenvalk'. *De Lev. Nat.*, **40**, 9-17.
[91] TINBERGEN, L., 1939 : 'Zur Fortpflanzungsethologie von *Sepia officinalis L.*'. *Arch. néerl. Zool.*, **3**, 323-64.

[92] TINBERGEN, N., 1931 : 'Zur Paarungsbiologie der Flusseeschwalbe (*Sterna h. hirundo L.*)'. *Ardea*, **20**, 1-18.

[93] TINBERGEN, N., 1935 : ' Field observations of East Greenland birds I. The behaviour of the Red-necked Phalarope (*Phalaropus lobatus L.*) in spring'. *Ardea*, **24**, 1-42.

[94] TINBERGEN, N., 1936 : 'The function of sexual fighting in birds ; and problem of the origin of territory '. *Bird Banding*, **7**, 1-8.

[95] TINBERGEN, N., 1937 : 'Ueber das Verhalten kämpfender Kohlmeisen (*Parus m. major L.*)'. *Ardea*, **26**, 222-3.

[96] TINBERGEN, N., 1939 : 'Field observations of East Greenland birds II. The behavior of the Snow Bunting (*Plectrophenax nivalis subnivalis A. E. Brehm*) in spring'. *Trans. Linn. Soc. N. Y.*, **5**, 1-94.

[97] TINBERGEN, N., 1940 : 'Die Uebersprungbewegung'. *Zs. f. Tierpsychol.*, **4**, 1-40.

[98] TINBERGEN, N., 1942 : 'An objectivistic study of the innate behaviour of animals'. *Biblioth. biotheor.*, **1**, 39-98.

[99] TINBERGEN, N., 1948 : 'Social releasers and the experimental method required for their study'. *Wilson Bull.*, **60**, 6-52.

[100] TINBERGEN, N., 1950 : 'Einige Beobachtungen über das Brutverhalten der Silbermöwe (*Larus argentatus*)'. In : *Ornithologie als Biologische Wissenschaft, Festschrift E. Stresemann*, 162-7.

[101] TINBERGEN, N., 1951 : *The Study of Instinct.* Oxford. Trad. franç. *L'Étude de l'instinct.* Payot, Paris, 1953.

[102] TINBERGEN, N., 1951 : ' On the significance of territory in the Herring Gull'. *The Ibis*, **94**, 158-9.

[103] TINBERGEN, N., 1951 : 'A note on the origin and evolution of threat display '. *The Ibis*, **94**, 160-2.

[104] TINBERGEN, N., 1952 : ' Derived activities ; their causation, function and origin'. *Quart. Rev. Biol.*, **27**, 1-32.

[105] TINBERGEN, N., 1953 : *The Herring Gull's World.* London.

[106] TINBERGEN, N., et VAN IERSEL, J. J. A. : Travail inédit.

[107] TINBERGEN, N., et KUENEN, D. J., 1939 : 'Über die auslösenden und die richtunggebenden Reizsituationen der Sperrbewegung von jungen Drosseln'. *Zs. f. Tierpsychol.*, **3**, 37-60.

108 TINBERGEN, N., MEEUSE, B. J. D., BOEREMA, L. K., et VAROSSIEAU, W. W., 1942 : ' Die Balz des Samtfalters, *Eumenis* (= *Satyrus*) *semele* (*L.*)'. *Zs. f. Tierpsychol.*, **5**, 182-226.

109 TINBERGEN, N., et MOYNIHAN, M., 1952 : 'Head-flagging in the Black-headed Gull ; its function and origin'. *Brit. Birds*, **45**, 19-22.

110 TINBERGEN, N., et PELKWIJK, J. J. TER, 1938 : 'De Kleine Watersalamander '. *De Lev. Nat.*, **43**, 232-7.

111 TINBERGEN, N., et PERDECK, A. C., 1950 : ' On the stimulus situation releasing the begging response in the newly hatched Herring Gull chick (*Larus a. argentatus Pontopp.*) ' *Behaviour*, **3**, 1-38.

112 VERWEY, J., 1930 : ' Einiges über die Biologie Ostindischer Mangrove krabben'. *Treubia*, **12**, 169-261.

113 VERWEY, J., 1930 : ' Die Paarungsbiologie des Fischreihers '. *Zool. Jahrb. Allg. Zool. Physiol.*, **48**, 1-120.

114 WELTY, J. C., 1934 : 'Experiments in group behaviour of fishes'. *Physiol. Zool.*, **7**, 85-128.

115 WHEELER, M. W., 1928 : *The Social Insects*. London.

116 WILSON, D., 1937 : 'The habits of the Angler Fish, *Lophius piscatorius L.*, in the Plymouth aquarium'. *J. Mar. Biol. Ass. U.K.*, **21**, 477-96.

117 WINDECKER, W., 1939 : '*Euchelia* (= *Hypocrita*) *jacobaeae L.* und das Schutztrachtenproblem'. *Zs. Morphol. Oekol. Tiere*, **35**, 84-138.

118 WREDE, W., 1932 : 'Versuche über den Artduft der Elritzen'. *Zs. f. vergl. Physiol.*, **17**, 510-19.

119 WUNDER, W., 1930 : ' Experimentelle Untersuchungen am dreistachlichen Stichling (*Gasterosteus aculeatus L.*) während der Laichzeit'. *Zs. Morphol. Oekol. Tiere*, **14**, 360-400.

PETITE BIBLIOTHÈQUE PAYOT

227. — BASTIDE : **Les Amériques noires.**
228. — PRÉVOST : **Janet, Freud et la psychologie clinique.**
229. — ROWBOTHAM : **Féminisme et révolution.**
230. — REICH : **Écoute, petit homme !**
231. — Collectif : **Sociopsychanalyse 4 (sociopsychanalyse dans une institution psychanalytique).**
232. — BELMONT : **Arnold van Gennep.**
233. — LORENZ : **Évolution et modification du comportement.**
234. — Collectif : **Formation 1 (quelle formation ?).**
235. — MAIR : **Le mariage.**
236. — REICH : **L'irruption de la morale sexuelle.**
237. — MUMFORD : **Les transformations de l'homme.**
238. — BERGER : **Marx, l'association, l'anti-Lénine.**
239. — ROUX et BRACONNOT : **L'homme et la pollution des mers.**
240. — Collectif : **Formation 2 (administration, langage et formation).**
241. — BLOCH : **La philosophie de la Renaissance.**
242. — MENDEL : **Pour décoloniser l'enfant.**
243. — SPAHNI : **Les Indiens des Andes.**
244. — REICH : **La psychologie de masse du fascisme.**
245. — WINNICOTT : **Processus de maturation chez l'enfant.**
246. — DIEL : **Le symbolisme dans la Bible.**
247. — VÉDRINE : **Les philosophies de l'histoire.**
248. — ROHEIM : **La panique des dieux.**
249. — LOBROT : **La libération sexuelle.**
250. — KOFMAN : **L'enfance de l'art (une interprétation de l'esthétique freudienne).**
251. — Collectif : **Sociopsychanalyse 5 (la sociopsychanalyse institutionnelle : pour qui ? pour quoi ?).**
252. — WALTER : **Les origines du communisme (judaïques, chrétiennes, grecques et latines).**
253. — WINNICOTT : **De la pédiatrie à la psychanalyse.**
254. — MILL : **L'asservissement des femmes.**
255. — SCHOLEM : **La Kabbale et sa symbolique.**
256. — BERNFELD : **Sisyphe ou les limites de l'éducation.**
257. — GUILLERMAZ : **Histoire du Parti communiste chinois (Tome I).**
258. — GUILLERMAZ : **(Tome II).**
259. — ADLER : **École et psychologie individuelle comparée.**
260. — Collectif : **Formation 3. Formation professionnelle et/ou personnelle.**
261. — FROMM : **Le langage oublié (introduction à la compréhension des rêves et des mythes).**
262. — FULCHIGNONI : **La civilisation de l'image.**
263. — SAPA : **Les rites secrets des Indiens sioux.**
264. — JEANNEAU : **Le psychiatre aujourd'hui.**
265. — BAUDOUIN : **L'œuvre de Jung.**
266. — CALVET : **Pour et contre Saussure.**
267. — GRUNBERGER : **Le narcissisme.**
268. — NEILL : **Journal d'un instituteur de campagne.**
269. — Collectif : **Sociopsychanalyse 6 (la sociopsychanalyse : un nouvel alibi éducatif ?).**
270. — GIRARD : **Le Popol-Vuh (histoire culturelle des Maya-Quichés).**
271. — FINLEY : **Démocratie antique et démocratie moderne.**

272. — EVOLA : **Métaphysique du sexe.**
273. — WOLLSTONECRAFT : **Défense des droits de la femme.**
274. — GILSON : **La philosophie au Moyen Age (Tome I).**
275. — GILSON : **(Tome II).**
276. — DIEL : **Les principes de l'éducation et de la rééducation.**
277. — PETERSON : **Le Mexique précolombien.**
278. — BOUANCHAUD : **Charles Darwin et le transformisme.**
279. — POUEIGH : **Le folklore des pays d'oc.**
280. — LEUENBERGER : **La magie de la drogue.**
281. — BAYET : **La religion romaine (histoire politique et psychologique).**
282. — BERGLER : **La névrose de base.**
283. — RIEDER : **Le folklore des Peaux-Rouges.**
284. — MULLER : **Histoire de la mystique juive.**
285. — HOLT : **S'évader de l'enfance.**
286. — VICTOR : **L'écriture, projection de la personnalité.**
287. — PANETH : **La symbolique des nombres dans l'inconscient.**
288. — HARDING : **Les mystères de la femme (préface de C. G. Jung).**
289. — REICH : **L'analyse caractérielle.**
290. — AGEL : **Métaphysique du cinéma.**
291. — BLEANDONU : **Dictionnaire de psychiatrie sociale.**
292. — OXENSTIERNA : **Les Vikings. Histoire et civilisation.**
293. — SZASZ : **Le péché second.**
294. — CATHELAT : **Publicité et société.**
295. — LANGLOIS : **Défense et actualité de Proudhon.**
296. — LEPSCHY : **La linguistique structurale.**
297. — RUFFAT : **La superstition à travers les âges.**
298. — DUVAL : **Les dieux de la Gaule.**
299. — WEIGALL : **Alexandre le Grand.**
300. — LE PORRIER : **Le médecin aujourd'hui.**
301. — DADOUN/METTRA : **Au-delà des portes du rêve.**
302. — PANOFF : **Ethnologie : le deuxième souffle.**
303. — ABRAHAM : **Rêve et mythe (Œuvres complètes, Tome 1).**
304. — PALOU : **La franc-maçonnerie.**
305. — GUSDORF : **Pourquoi des professeurs ?**
306. — FREINET : **L'itinéraire de Célestin Freinet (la libre expression dans la pédagogie Freinet).**
307. — LEFRANC : **Le mouvement socialiste sous la IIIe République (Tome I).**
308. — LEFRANC : **(Tome II).**
309. — CHASSEGUET-SMIRGEL : **Pour une psychanalyse de l'art et de la créativité.**
310. — ADLER : **L'éducation des enfants.**
311. — LUKACS : **Le roman historique.**
312. — ELIADE : **Traité d'histoire des religions.**
313. — ABRAHAM : **Développement de la libido (Œuvres complètes, tome 2).**
314. — HASSOUN : **Entre la mort et la famille : la crèche.**
315. — Collectif : **Libre 1** (revue animée par M. Abensour, C. Castoriadis, P. Clastres, M. Gauchet, C. Lefort, M. Luciani).
316. — SCHULTZ-HENCKE : **Analyse des rêves.**
317. — FROMM : **La conception de l'homme chez Marx.**
318. — BERGE : **Comprendre et éduquer un enfant difficile.**
319. — BAKAN : **Freud et la tradition mystique juive.**
320. — CARLONI et NOBILI : **La mauvaise mère** (phénoménologie et anthropologie de l'infanticide).

321. — SCHOELL : **Histoire des États-Unis.**
322. — SAMI-ALI : **De la projection** (une étude psychanalytique).
323. — BOULANGER/CHAIX : **Travail, famille, psychiatrie.**
324. — DADOUN : **Cent fleurs pour Wilhelm Reich.**
325. — ELIADE : **Le yoga.**
326. — Collectif : **Libre 2** (revue animée par M. Abensour, C. Castoriadis, P. Clastres, M. Gauchet, C. Lefort, M. Luciani).
327. — MAHLER : **Psychose infantile.**
328. — MENDEL : **La chasse structurale (une interprétation du devenir humain).**
329. — CORNEVIN : **Histoire de l'Afrique contemporaine** (de la deuxième guerre à nos jours).
330. — BERNE : **Analyse transactionnelle et psychothérapie.**
331. — HÉLIAS/MARKALE : **La sagesse de la terre (petite anthologie des croyances populaires).**
332. — HORNEY : **La psychologie de la femme.**
333. — ASSOUN/RAULET : **Marxisme et théorie critique.**
334. — Collectif : **La misère politique actuelle (Sociopsychanalyse 7).**
335. — Mc KELLAR : **Le viol** (L'appât et le piège).
336. — LEMAIRE : **Les thérapies du couple.**
337. — BERGLER : **Les parents ne sont pas responsables des névroses de leurs enfants.**
338. — RESNIK : **Personne et psychose** (études sur le langage du corps).
339. — GARDINER : **Ces enfants voulaient-ils tuer ?**
340. — Collectif : **Libre 3** (revue animée par M. Abensour, C. Castoriadis, P. Clastres, M. Gauchet, C. Lefort, M. Luciani).
341. — BORDIGA : **Espèce humaine et croûte terrestre.**
342. — ERNY : **L'enfant et son milieu en Afrique Noire.**
343. — THOMAS : **Mort et pouvoir.**
344. — KOTT : **Shakespeare, notre contemporain.**
345. — VERDIGLIONE (et autres) : **La sexualité dans les institutions.**
346. — SZASZ : **Hérésies.**
347. — Collectif : **Libre 4** (revue animée par M. Abensour, C. Castoriadis, P. Clastres, M. Gauchet, C. Lefort, M. Luciani).
348. — DEBOUT : **L'utopie de Charles Fourier.**
349. — FROMM : **Le cœur de l'homme** (sa propension au bien et au mal).
350. — BALINT : **Le défaut fondamental** (aspects thérapeutiques de la régression).
351. — ZAPPELLA : **L'enfant poisson** (comment la société adulte doit réapprendre l'écoute des enfants).
352. — CALVET : **Linguistique et colonialisme.**
353. — LOBROT : **L'animation non directive des groupes.**
354. — THOMAS : **Civilisation et divagations** (mort, fantasmes, science-fiction).
355. — WINNICOTT : **Fragment d'une analyse.**
356. — KING : **Révolution non-violente.**
357. — Collectif : **Libre 5** (revue animée par M. Abensour, C. Castoriadis, P. Clastres, M. Gauchet, C. Lefort, M. Luciani).
358. — GUILLERMAZ : **Le Parti communiste chinois au pouvoir (Tome I).**
359. — GUILLERMAZ : **(Tome II).**
360. — CHARLOT/FIGEAT : **L'école aux enchères** (l'école et la division sociale du travail).
361. — MARTY : **Les mouvements individuels de vie et de mort** (essai d'économie psychosomatique).

ACHEVÉ D'IMPRIMER LE
3 SEPTEMBRE 1979 SUR LES
PRESSES DE LIMPRIMERIE
BUSSIÈRE, SAINT-AMAND (CHER)

— N° d'impression : 1391 —
Dépôt légal : 3e trimestre 1979.
Imprimé en France